AI成"神"之日

人工智能的终极演变

[日] 松本徹三　著

张林峰　译

清华大学出版社
北京

内 容 简 介

本书颇具科幻味道，对人工智能未来进行了大胆预言。作者从独特的角度分析了未来人类和人工智能相处的方式与方法，对未来高度发达的人工智能社会的社会模式有独到的见解。本书是一本站在历史的高度，从哲学角度拷问科技力量对人类未来演变的书。本书是一本充满想象与预言，但又不失科学论证的书。本书提供了一个崭新的视角：21世纪既是数百年以来科技、创意的顶点，又是对人类终极命运真挚的愿景。

本书论述严谨，案例丰富，深入阐释了人工智能临近"奇点"时人类可能面临的境况，并阐释了奇点在世界范围内所产生的广泛影响，并介绍了人工智能在哲学、科学、技术、艺术等各个方面所展示的独特魅力以及对人类未来的影响。

本书适合对人工智能感兴趣的读者阅读。

图书在版编目（CIP）数据

AI 成"神"之日：人工智能的终极演变 / （日）松本徹三著，张林峰译 . —北京：清华大学出版社，2019

ISBN 978-7-302-52372-7

Ⅰ . ① A… Ⅱ . ①松… ②张… Ⅲ . ①人工智能 Ⅳ . ① TP18

中国版本图书馆 CIP 数据核字（2019）第 039033 号

责任编辑：秦　健
封面设计：杨玉兰
责任校对：徐俊伟
责任印制：丛怀宇

出版发行：清华大学出版社
　　　　网　　址：http://www.tup.com.cn，http://www.wqbook.com
　　　　地　　址：北京清华大学学研大厦 A 座　　　邮　　编：100084
　　　　社 总 机：010-62770175　　　　邮　　购：010-62786544
　　　　投稿与读者服务：010-62776969，c-service@tup.tsinghua.edu.cn
　　　　质 量 反 馈：010-62772015，zhiliang@tup.tsinghua.edu.cn
印 装 者：三河市国英印务有限公司
经　　销：全国新华书店
开　　本：148mm×210mm　　印　　张：6.5　　字　　数：164 千字
版　　次：2019 年 7 月第 1 版　　印　　次：2019 年 7 月第 1 次印刷
定　　价：49.00 元

产品编号：078323-01

前言

松本徹三

　　人类目前对于AI（Artificial Intelligence，人工智能）的认知度日益高涨，就如何用于商业活动也展开了热烈的讨论，同时也隐隐出现了所谓的"AI威胁论"。例如，在宇宙大爆炸理论领域非常有名的理论物理学家霍金博士就发出了"AI会毁灭人类"的警告。

　　但是，我的想法与之刚好相反。我认为"如果不是AI替代我们统治整个世界，那么人类必然灭亡"。而且，对于人类来说，"留给我们的时间不多了"。

　　达到Singularity（技术奇点，也有人叫作技术特异点）的AI会复制人类大脑中几乎所有的功能，并扩大到几乎无法想象的水平后，将从根本上改变整个世界。历史上，产业革命也曾给人类社会带来变化，但是产业革命带来的变化和AI带来的人类社会的变化相比较，可以说几乎不在一个量级。

　　达到技术奇点的AI，在能力上已经远远超出人类，对于人类来说，那时候的AI既可以变成"仆人"，又可以变成"神"，搞不好变成"恶魔"也是有可能的。这一切取决于人类如何思索自己的存在方式，如何和达到技术奇点的AI相处。

其中非常重要的一个因素就是开发AI的人和利用AI的人所认可的"哲学"。如果没有坚定的、合理的自我哲学，人类在强大的奇点到达后的AI面前，只是一根"随风摇摆的芦苇"而已，一步走错，有可能把AI拱手送到恶魔的手里。

17世纪法国数学家、物理学家和哲学家布莱士·帕斯卡（Blaise Pascal）留下一句名言："人只是自然界中最为弱小的一根苇草而已，但却是能够思考的苇草。"

人类不能逃避AI。"有正义心的人"应该尽早地思索再思索，有必要用自己的双手创造出"持有正义心的AI"。

那么这样的AI是什么样的东西呢？我觉得应该是这样的：AI没有人类所持有的感情、欲望，而应该是持有不可动摇的、具有坚强意志的存在。在本书的最后一章，我也会具体提出。

就这样，设想我们把自己创造出的人工智能当作"AI神"来接受，也应该把我们自身的未来完全委托给这个"AI神"。

或许只要这么做了，我们这些作为"人类的存在"而诞生的人类，今后就可以一直无忧无虑地、丰富多彩地生存。我确信这是人类唯一可走的路。

目 录

第1章
正在向技术奇点迈进的AI

第2章
人类和"神"

第3章
所有的"人性的东西"

第4章
面对AI的哲学

第5章
后续发生的，后续应该发生的

第 1 章

正在向技术奇点迈进的 AI

AI 是什么？

对于技术不是很熟悉的读者来说，突然冒出这个话题，也许一时还理解不了。但是就目前计算机领域所发生的事情，我觉得有必要让大家拥有一个基本的理解，因此，还请大家耐心地和我一起解读。

所谓AI就是英文Artificial Intelligence的缩写，大都翻译成"人工智能"，也就是"利用计算机技术，实现和人类大脑近似的功能"这个意思。这个词汇是在1956年的达特茅斯会议（Dartmouth Conference）上被确立为学术用语，但是实际上在这之前就已经被使用了。

AI和其他流行语特别不一样

但是，我比较在意的是，现在到处在说AI的实际用途，这其实只是停留在非常初级的阶段，AI这个词汇本身也不可以和现在其他流行的新技术词汇（像IoT（Internet of Things，物联网）、5G、VR（Virtual Reality，虚拟现实）等）同日而语。

诚然，从商业意义上来说，这些新技术的出现也许是非常重要的，但是从本质上来看，AI和其他新技术给人类社会所带来的冲击是无法相比的。

例如，像IoT，也就是人们所说的物联网，意思就是所有的"物"里面都有计算机，这些"物"和"物"处于一个通过互联网互相连接的状态。乍一听，好像是很了不起的事情，其实也没有什么大不了的。

当然，后面也会提到，AI的发展需要这么一个支撑：需要从世界上的各种位置，持续不断地提取数据。为此，IoT是不可缺少的。因此，我绝不是说可以轻视IoT，只不过这是不同层次的话题罢了。

现在人类所制造出的各种各样的"物"里面，许多都植入了小小的计算机芯片。本来，计算机这个东西，如果不是具有通信功能并互相连接，其实无法发挥其能力。之所以变成现在的状态，是因为从技术趋势来说，这是极其理所当然的事情。

另外，IoT并不需要特别厉害的技术，最多也就是"如何制造出小巧、便宜、省电的计算机芯片，同时和同样小巧、便宜、省电的无线通信芯片相结合"这么一件事情。

现在人们所说的5G是指下一代无线通信技术。在无线通信的领域里，如果世界上不是统一平台运作是毫无意义的，因此需要通过一个国际标准机构来统一规范。在此不再细述。

技术的进步是没有止境的，例如无线通信技术。打个比方，我们已经圈养了"电波"这匹"野马"，而且调教成赛马，但是还有许多地方没有做好，这匹马还可以跑得更快，因此今后当然还有许多需要改进和改善的地方。

技术的进步是连续的，到目前为止，2G、3G、4G分别回应了行业的期待，取得了相应的成功，因此下一代无线通信就叫作5G，其实也就是这么一回事而已。

其他过度评价的例子——VR（虚拟现实）

许多人没有见过大海，无法想象纽约那样的大都市的夜景，无法想象瑞士的景色是如何美丽，也无法想象非洲马赛族跳舞时的那种动感……

像上面的这些场景，现在大都"可以坐在家里看到非常接近现实的姿态"了。

虚拟现实（Virtual Reality，VR）意味着"沉浸式体验"越来越多地接近现实状态。具体一点来说，现在研究的课题就是，不光是视觉和听觉，还要和自己身体的动作相关联。这样人们的生活就会变得更加有趣。不过其实也就是这么一点儿事。

人们经常讨论的还有从虚拟现实派生出来的增强现实（Augmented Reality，AR）。虽说技术实现上还是比较困难的，通过它人们也许可以体验从未有过的东西，要说有意思也确实挺有意思的，但我不认为这是特别值得惊讶的东西。

但是，说到AI，层次就完全不同了。为什么呢？这是因为在后面要讲述的Singularity（技术奇点）可能会到来，也许是必然到来。是啊，如果是这样的，在某种场合中，人类社会本身的存在意义就可能会发生本质改变。这种冲击一定是巨大的！

为什么现在要说AI呢？

那么，为什么AI这个词汇现在这么流行呢？随着"机器学习技术"

和"云技术"的进化，AI得以飞跃发展。

　　顺便指出，"机器学习技术"的进化是由"深度学习"等词汇来代表。而"云技术"的进化则以"大数据""超高速检索"等词汇来代表。

　　到目前为止，计算机只是复制和扩大了人的头脑里的理论能力。今后的AI会踏入"灵感""意志""有目的的战略思考"的领域，会把人脑的功能几乎全部复制和扩大。

　　换句话说，就好像是"天才产生了创造性的想法"一样，AI会更快地、在更广范围内产生创造性的想法。这种预期现在正被行业所接受。

　　为什么可以这样呢？主要有两个原因。

　　第一："所有的各种海量信息被存储在云端的内存中①，而且每天在增长"，这样的结构正在形成。

　　第二："通过高速检索云端存储的信息，并且根据一定的假设推导出一定的逻辑推理能力"正在确立。

　　那么，通过第二种方式，"不断地多方位验证，以决定采用或不采用"，有可能引起巨大的、持续的技术革新。

AI不断产出天才

　　纵观世界上的技术革新历史，我认为是小部分的伟大天才所思考出的"假设"从根本上改变了人类对事物的看法。

　　那么，为什么，这样的天才能不断地想出各种各样的假设呢？或

---

①　本书中把硬盘和内存统称为内存，希望计算机专业人员能够谅解和理解。

许，他们的脑袋里面，天生就具有这样的能力吧。

人脑的结构和潜在能力，尽管还没有研究透彻，但本质上和计算机一样：由内存和处理器组合而成。[①]

人类的大脑，实际上，包含遗传所得，被认为可以存储惊人的大量信息。并且，这些信息和"自己所特有的各种处理机能"相组合，人每天都在处理着（干着）各种各样的事情。但是，人脑实际上所用的"内存""处理器"，或许只是其潜在能力的几万分之一。

例如，世上有这么一种人，只是非常罕见而已，能立刻记住看到的信息，而且可以分毫不差地在帆布上描绘出来。这样的人，其大脑里面的某个位置有"异常"，因为他或她能够简单地回忆出"常人无法记忆的东西"。

"异常"听起来就是指"哪个地方坏了"的状态，如果说"正常"是"普通的无能"，那么"异常"就是"特别有能力"了。

一般被叫作"天才"的人，或许基本上就是这样的人了。但是，他们产出了有益的东西，一般人也就不认为这些怪怪的"异常"的人是"有病"的人，而是充满了敬意地将其当作"天才"。

我是这样理解的：这些被称为"天才"的人，本质上是具备"能够从人脑的庞大记忆库中瞬间抽出一部分，靠一瞬间的推论能力，把隐含在其中的'类似法则的东西'给寻找出来"的人。但是，如果这么说，AI可以做同样的事情，而且技高一筹。

---

① 计算机的处理器具有运算、分组、置换、逻辑推理、规范的动作等各种各样的功能。这些功能中最核心的部分叫作算法和逻辑。各个处理器之间，或者处理器和内存之间有通信线路相连接，必要的话还可以延伸到外部。

"东大机器人君"再次挑战

日本国家级情报研究所的新井纪子教授是日本AI研究领域的先驱，并且做出了重大贡献。她用"东大机器人君"来挑战东京大学英语考试的实验结果是：不可能合格。

但是，在这个实验中，让机器人记忆了500亿个英文词汇和19亿段英文短文后就不再继续记忆下去了。我在想，姑且不管单词和词汇，如果让机器人记忆上百倍的2000亿段英文短文难道不可以吗？这对于"东大机器人君"来说应该不是什么难事，结果会不同吗？

当今云持有的信息量已经远远凌驾于人类历史所积蓄的信息量。而且现在在全世界范围内仍永无休止地收集信息。[①]

另外，随着数目庞大的晶体管的超高速并行运算，处理器的处理速度也达到了无法想象的境界。也就是说，对计算机来说，这种高速运算也许是再普通不过的事情了，但却处于任何"天才"无法匹敌的水平。对人类来说，现在是到了该认真思考这件事情的真正意义的时候了。

技术奇点是什么？

上面提到：计算机处理器的超高速运算已经超过"天才"，那么之

---

① 在全世界范围内，随时通过网络收集的信息里面，也许包含了庞大的人工制作的图像之类的伪信息（假信息）。但是从AI的实力来看，要想把这些伪信息去掉也是很简单的事：从纵横交错的各个角度来验证其合理性，相当准确地判别出"真实的，还是很可能是谎言"。

后等待我们的会是什么呢？是技术奇点（Technical Singularity），这个词汇在日语中被翻译成"技术特异点"，听起来有点怪怪的，或许翻译成"到达了特异点的技术"比较好理解。

技术奇点将AI作为未来核心含义而固定下来也就是近几年的事。最开始或许是在19世纪90年代前期，由美国数学家、计算机科学家、科幻小说作家凡尔纳·温格（Vernor Steffen Vinge）提出来的。而把这个概念更加明确化，应该很大程度上归功于毕业于美国麻省理工学院的计算机科学家、音乐家雷·库兹韦尔（Ray Kurzweil）[①]的一系列著作。

AI会加速进化

随着AI能力的飞跃，在各种各样的领域中会出现庞大数量的各种假设，并且一个个得到验证，进而互相关联起来成为人类的"知识集合"，而这种"知识集合"确实远超人类目前的推测能力。

而且AI会自我改善程序初始化的检索和推论方法，AI会创造出"更加优良的AI"，这个更加优良的AI会接着创造出"它的下一代AI"，这种加速进化无限延续，永无止境，以至于可能到达目前我们人类根本想象不到的世界。技术奇点正是用来表达这种假设的词汇。

雷·库兹韦尔认为，"技术奇点的到来是随着以摩尔定律[②]为代表的技术革新的指数增长而来的"，他归纳为"收获加速规则"。对于摩尔

---

① 他在1999年发行的*The Age of Spiritual Machines*的"收获加速规则"一章中第一次提出了技术奇点。在2005年发行的*The Singularity is near*（中译本为《奇点临近》——编辑注）一书中则明确预言了技术奇点时代的早期即将到来。

② 摩尔定律：英特尔创始人之一摩尔指出的"每隔两年，计算机芯片的处理速度会两倍增长"。

定律本身，最近也有一种较为有力的说法认为其为"有限度的"。

在本书后面的章节里AI就以AI或人工智能来表示。技术奇点就以Singularity或技术奇点来表示。

在英文里面，Singularity这个词汇本身原来带有"奇妙""非凡"的意思。在人工智能领域中，谈到Singularity，就可以理解为"技术的进化超过了一定的限度，达到了和以往完全不一样的境界，即达到质变"。

这也就意味着或许我们必须从"和现在完全不一样的层次上"去思考当今"人类社会的存在"和"人类存在的意义"。

从大脑的一部分到大脑的全部

以前说起AI，人们往往认为其只是"更高、更快地实现了人类的一部分能力"而已，而现在如果说"在此基础上，一点不漏地掌握人类的所有能力"的AI实现，那么我认为据此可以看作技术奇点出现。如果还有一些漏洞，例如"人类可以很好地做出来，而AI则不能"，那么我认为就不能授之于技术奇点到来这一说法。

在思考这个问题时，可能许多人认为：

"人脑的功能除了逻辑思考能力以外，还有感觉、感情（例如快乐和不快乐）、欲望，更进一步的还有道德观，价值观也包含在内，即使到了实现技术奇点的阶段，在这些情感的方面，AI也是无能为力。"

那么，真的是这样吗？

针对这个问题上，确实还有许多方面有待大脑生理学和心理学领域的研究。但是，不能忘了AI本身也可以从事大脑领域的研究。也就是说，AI可以开发出一些工具使得大脑生理学的研究飞速发展，继而利用这些成果开发出一些技术奇点模型，反复作假设、作论证，进而促进大脑科学研究的发展，我认为这种模式是有可能的。

从AI的实用角度来看，目前大部分好像都倾注在神经网络（以逻辑思维为基础的神经线路）的研究上。因为神经网络的研究比较容易入手，也比较容易获得成果。但是，在不远的将来，或许重心会慢慢转移到"挖掘意识以外的记忆内存，并赋予意义"这方面的研究中。

前面提到的新井纪子教授认为："不可能在神经网络的延长线上到达技术奇点。"我本人也赞同这个观点。毫无疑问，高速精细的推断功能是AI到达技术奇点的必要条件，但是我认为离充分条件还很远。

但是，即便这样，本书的前提，也就是"人工智能一定会在很近的时期到达技术奇点"。就这一观点而言，我是坚信不疑、毫无动摇的。随着存储量的飞跃增大和内存检索功能的飞跃扩展，预期未来将会有巨大突破。

基于上述理论，还有"感觉""感情"领域，更进一步的话还有"欲望"和"意志"等领域的突破，我认为到达技术奇点的AI一定会把研究对象扩展到这些领域。特别是"意志"，这对确定AI的未来非常重要，有必要作深刻洞察，并采取必要措施。在本书的第3章里，我们会详聊这个话题。

阿西莫夫的机器人三法则

以前有人担心：在某一天，机器人觉醒了，认清了"自我"，于是摆脱了人类的控制，在某种场合下，还可能和人类发生敌对行为。这也是许多科幻小说喜欢的题材。为此，俄国出生的美籍作家，波士顿大学生物化学教授艾萨克·阿西莫夫（Isaac Asimov）提出了著名的"机器人三法则"[①]。

第一法则："机器人不得伤害人类，或因不作为（袖手旁观）而使人类受到伤害。"

第二法则："除非违背了上述第一法则，机器人必须服从人类的命令。"

第三法则："在不违背上述第一法则及第二法则的前提下，机器人必须保护自己。"

但是，这里面有各种各样的"哲学难点"和"技术难点"。首先，阿西莫夫本人把第一法则里的"人"改写成了"人类"。因为"人"不一定全是"好人"，也有危害人类的"坏人"。对于"坏人"，可以让机器人去对付他们。

那么，"人类"就没有问题了吗？"人类"的定义是什么？"危害"的定义又是什么？这些全都极其暧昧。"如果放任不管，人类可能会全部灭亡；如果抹杀一部分，另一部分就可以生存下来"，如果遇到类似这样的事态，忠实的机器人将会做出怎样的判断呢？

[①]　在1985年出版的《机器人与帝国》一书中，阿西莫夫把三法则扩展为四法则。

第零法则："机器人不得伤害人类这个种族群，或因不作为（袖手旁观）而使人类这个种族群受到伤害。"

第一法则："除非违背了上述第零法则，机器人不得伤害人类，或因不作为（袖手旁观）而使人类受到伤害。"

第二法则："除非违背了上述第零法则或第一法则，机器人必须服从人类的命令。"

第三法则："在不违背上述第零法则至第二法则的前提下，机器人必须保护自己。"

抹杀谁，又去救谁呢？为了拯救全体人类，如果说面临"要么对百分之七十的人加以轻的危害，要么对百分之三十的人加以重的危害"这样的选择，对人类忠实的机器人应该选哪一个呢？

"技术的难点"反而单纯一些。如何防止某人或者是机器人本身根据独自的判断来重新改写阿西莫夫法则呢？当然可以通过某种办法把这些命令行预置在不可改写的、完全封死的硬件中，但是，如果聪明的机器人完全可以"制造出新的硬件后，再自己毁掉自己"，那就没有别的办法了。

如何才能不让AI破坏人类，只做对人类有益的事呢？这就不得不踏入"意志"的领域了。如果以活生生的人为例，"意志"这个东西只有少部分是"逻辑"形成的，而大部分是"感情"的产物。在我们踏入"意志"的领域之前，有必要充分研究清楚"感情"这个领域。

那样的世界何时到来呢？

上述那样的世界真的会到来吗？如果会到来，何时到来呢？对于这个问题，自然有各种各样的、差别巨大的想法。

一方面，对于AI的潜在能力本身就持有怀疑态度的人并不少，他们会说："看看现实吧，AI不是什么也做不了吗？"但是，这就和初创期的互联网一样。当初，"吹嘘的梦想"和"现实"的距离实在是太远了，以致连《互联网就是空虚的洞窟》这样的书也出版了。

不管是在哪一个时代，把"将来的潜力"和"现在发生的事情"搅浑在一起而"摇晃不定的人"都有很多，他们对"将来的潜力"看都不看，这是很严重的问题。但是我认为，技术突破带来的相互作用将会加速发展，那时候，"潜力"会以惊人的速度向现实发展。

　　说到加速发展，像大家知道的"翻番游戏"，就是今年是1，明年翻倍为2，后年又翻倍为4，大后年再翻倍变成8……这样膨胀下去。或许你觉得这也没什么了不起的，但是按照这样的方法计算的话，第10年就是变成了约1000（实际为1024），第20年就变成了约100万（实际为1048576），这有点令人害怕了吧。

　　但是，这样的计算才刚刚开始，如果第2年以后每年是前一年的"几何级数增长，也就是2次方来计算"，那么会怎么样呢？第4年还只是256，第5年就是65536了，第6年变成了4294967296这个有点可怕的数字了，到第7年，就不是普通计算器可以显示出来的数字了。如果进入"AI自己创造出下一代AI"这样的循环，变成这样的几何增长循环也不是没有可能的。

　　是啊，如果说（这里我只是说如果）技术奇点的时代在未来30年或者40年"比想象的要早得多的时期"到来，现在20岁的人在50岁或60岁就可以看到。那么，对于这样的情形，你已经有心理准备了吗？①

人脑的功能

　　有一个词汇叫"唯脑论"，认为"人类归根结底就是一堆灰色的脑浆"而已。这是东京大学名誉教授养老孟司先生所提出的。

---

① 一种大胆的说法是2045年，技术奇点就可以出现。我实在不敢作那么大胆的预言，我感觉这个预测可能主要聚焦在计算机的逻辑推断能力上，而没有兼顾到许多其他因素。

人类身体的所有部分都是为脑服务而存在的

诗人可能难以接受这种说法。确实，从字面上来说，"热血上涌"只是起到往脑袋里运送氧气和营养的作用，心脏的激烈跳动也只不过是"脑发出了加快血液循环的指令"而已。所谓的"悲痛"就是从耳朵、眼睛等感观得到的某种信号勾起了脑海中的某段记忆（内存记录）而分泌了某种化学物质，这引起了"感觉到心很痛的知觉"。仅此而已。

男性有结实的骨骼、有力的肌肉，本来是为了狩猎、开垦荒地、对敌作战，但是现在，在日常生活中，可以说这些组织基本上起不了什么作用，要说有用，孔武有力的男性躯体最大的好处可能是吸引女性吧。

像你情有独钟的他或她，有一双"明亮的大眼睛"，一对"耳廓分明的、爱听你话的耳朵"，一个"可爱的鼻子"等，从功能上来说，这些器官只是人的（人脑的）信息输入的入口而已，那么可爱的嘴巴呢？也只是"为了摄取食物"和"作为信息的输出口"的工具而已。

从人类的身体来看，除了骨骼、肌肉和积蓄营养成分的脂肪以外，余下的大部分就是像"循环系统""呼吸系统""消化系统"这些各种各样的内脏器官了，所有这些都只是为了支撑着人（也就是"脑"）的生存而存在的。

只有"生殖系统"和别的系统有些不一样，可以说是超越了"个体的保存"，而是为了达到"种的保存"而存在的。即便这样，"生殖系统"和其他系统相比，也是和"脑神经系统"紧密相连，对应大脑的各种各样的复杂功能。

所有个体在某个时间点一定会死亡。但是在死亡之前，生物会繁衍出新的个体，并且把自己所积蓄的信息转移到新的个体上。

地球上原先有像变色虫那样的"单性繁殖"的原生生物。在某个时候，这种生物的两个持有不同遗传基因的个体结合，繁殖出了带有全新遗传基因的个体，这种方式称为"两性生殖"。之后，几乎所有的高等（持有复杂神经系统的）生物都是通过这种生殖方式繁衍后代。

遗传基因的数量非常庞大，也由此产生了完全不一样的、全新的"特别基因组合"，我们称之为"基因突变"。这就演绎成了千变万化、五彩缤纷的生物进化。

可以做出"人工天堂"，也可以做出"人工地狱"

我们再回到脑的话题。假如现在有人把你的脑取出来，放在培养液中，并且持续不断地供给氧气和其他营养成分，并开发出"细胞分裂的机制"且加以导入利用，或许，你就会不以你自己的意志为转移而永久地活下去（或者说别人让你这么永久地活下去）。

当然，如果这么活下去，不会有什么感觉，也不用思考什么。但是，如果这时候把"平常从神经系统送出的各种各样的神经传导物质和生物电信号"输送到培养液里的"脑（或脑细胞）"里面，脑细胞里面的某些记忆将被唤醒，并且活化推理功能，那么在培养液里的脑（也就是你）就会做着美梦或噩梦，有了喜怒哀乐，又担心又害怕，甚至还可能下一个大胆的决心。

仔细想想非常可怕。无论是曾以为在"神的控制之下"或者无神论者"在自己的控制之下"的"你的全部，你的所有"，突然间被素不相识的人完全控制了。

有一种说法是人死后会去天堂或地狱，活着的时候好事做得多，死后可以升到天堂，如果坏事做多了，就要被打下地狱。我想实际上现实生活中真正相信这种天堂地狱的人不会很多。但是，将来或许有钱人可以用钱来买到天堂式的极乐世界的感觉，即便在去世之后。

今生今世感到绝望无趣的超级富豪们，可以出钱让商业公司或组织在其还活着的时候把脑放入培养液里面，并且持续不断地注入多巴胺那样的让人脑感受到快乐的物质，或许"可以持续几百年地一直做着美梦"，一直到合同期结束，停止供电，"脑"安静地死去。

但是，也可以做完全相反的事。如果某人跟你有深仇大恨，他不需要立刻把你杀死，让你痛快地死去，而是把你的脑放入培养液里面，长时间地让你做着无法觉醒的噩梦。这对你来说，才是在真正的地狱里尝尽永无止境的苦难！想到这一点，从现在起，希望大家不管如何，尽量不要做招人仇恨的事情为好。

讲到这些，或许有人会说这是一些无聊的科幻小说罢了。我以为不尽然，毕竟我们需要认真思考一些极其"哲学"的问题："到底什么是自我？""到底什么是意识？"

你的脑是可以复制的

或许你认为我们绕了很多弯路，毕竟，到这里为止讲的好像全是和AI无关的东西，也不是这本书的主题，那好，在此我们言归正传。

所谓的人，从思维的本质上说就是"脑"。"脑"只不过好比是"有着计算机内存和处理器功能的细胞的集合"而已，如果这么去思考，很自然地就能想到"什么时候可以人工制造出人脑那样的东西"。

如果详细记录下你的脑的活动，通过各种各样的模拟实验，然后得出一定的规则，再人工制造出和你的脑一样可以动作的高级电路，并且植入那些记住了你的意识的内存，最终会产生什么样的结果呢？其实这就完全复制了一个你的脑，这个复制的脑会意识到"自我"吗？

现实生活中你有时候也会疑虑"为什么我在这里"，那么这个"你的脑的复制品"或许也会有同样的疑虑。如果是这样，你和你的脑的复制品，从本源的存在上来看，完全处在同一个水平上，也就是说这二者在"自我"这个主体意识上已经没有差别了。

进一步思考一下，如果认为"人，实际上是通过'记忆'来认识到自我"，那么我们可以得出"如果现在的意识和过去的记忆一致，人就会把这种意识认为是'自我意识'"。

假如这是正确的，那么从"你的脑的复制品"和你的记忆内存相连接的那一瞬间起，就变成那个"你自己"了。那个"你自己"或许会想"哦，我自己变成这样子了啊"。

就像这样，在考虑未来进化的 AI 的时候，对于像"人到底是什么？""为何我现在在这里？"这样的"哲学命题"，无论你喜欢还是讨厌，都是不得不考虑的问题。所以，对人工智能和技术奇点感兴趣的人来说，在此，我建议大家现在立即思考这些哲学。

人工智能和机器人

最近一段时间，和人工智能一样非常热门的话题还包括"机器人"。有些时候人工智能和机器人会被视为一样的东西，这引起了一些混乱。实际上，这二者从根本上说是完全不同的东西。

人工智能和机器人均已开始用于实际生产

聪明的读者自然会想到去开发具有高级人工智能的机器人。没错，在这种场合下，对人工智能这个脑来说，必须使机器人担当得起眼睛、耳朵、嘴巴、鼻子、手脚等该有的功能。当然，也存在不需要这样的高级功能的人工智能，同时存在许多不需要高级人工智能的机器人。

其实，所谓的人工智能，实际上也不是什么特别新颖的东西，人们很早以前其实就在应用了（应该说人工智能的历史比机器人要久得多）。简单来说，"天色一暗路灯自动亮"，这样的功能也是一种人工智能。

本来，人们觉得"天色暗了"，于是按一下开关开灯，一个这么简单的动作变成："有传感器感知到周围的光照程度后，自动地按开关开灯"，其实就是那么简单。可以明显看出"人的判断和动作"这个能力被"代替"了，被"扩充"[①]了，这和前面讨论的复制高级人工智能其实本质上是一模一样的。

人工智能首先是在产业界以生产自动化这种说法流传开，然后慢慢演进。例如在工厂生产线上，一直以来由工人用眼睛看，用手指安装零部件，随着生产过程无人化的普及，原先工人用眼睛判断的工序已经是计算机的工作了，而原先工人用手来安装零部件的工序也慢慢由机器来代替了，这就是（生产线上的产业）"机器人"了。

---

① 对于"暗"的判断，人和人也是不一样的。但是人工智能就不存在这个问题，因此人工智能可以说是对人的能力的一种"扩充"。

更加值得关注的是，目前已经不需要人直接动手就可以制造出这样的自动化系统或产业机器人了。设计人员只要用CAD/CAM（计算机辅助设计/计算机辅助制造）软件画好图纸，余下的工作由计算机自动调整好生产线，自动生成机器人遵循的操作程序等。再进一步，计算机也可以设计出生产线上需要的工具等。

之前，生产线上最费人工的就是检查工序等，但是如果有高精度传感器，而判断判定本就是计算机的拿手好戏，今后检查工序上的工人可能会大幅失业。现在业界也存在着"人工智能可能会夺走许多人的工作岗位"这样的担忧。其实，许多工厂已经用上了由人工智能控制的生产系统，夺走了大量工人的岗位。

木偶似的可爱机器人在短期内还是"麻木无情的"

最近很流行的话题是拥有人工智能的机器人，它们看上去和真人差不多，大多还可以模仿人的姿态，做出各种各样的动作。当然，机器人可以很帅，很可爱，也可以很滑稽，或者很丑陋，根据需要而已。

要在实际商业中真正使用机器人，人们往往比较热衷于那些和人一样有鼻子有眼，身材大小差不多的机器人。如果不这么做，就觉得不能叫作"机器人"，若不能叫作"机器人"，它所获得的人气就差，没那么热门。在这个过程中，人们也会明白：要和木偶似的可爱机器人真正热恋[①]，目前还无法实现，于是大部分人把兴趣投向了实用型机器人。

---

① "与机器人热恋"一定会在某个时刻实现，但是可能比预想的要久。如果沉迷于这一点，或许会觉得很累，尽管恋爱是不能放弃的，但我们还是先放在一边，先活好当下，多学一些知识，提高生活质量。

首先，人工智能到达技术奇点的时候，必将访问数量非常庞大的内存设备，目前小巧玲珑的木偶型机器人是无法做到的。

我以前一直认为仅靠晶体管和电容的组合来模仿人脑是不可能的，反而是"用生物技术制造出和人脑细胞类似的东西，再植入高度的人工智能，或许是一条捷径"。但是最近云技术得到迅猛发展，我的想法有了改变[1]，按照现在的发展速度，不久的将来（或许现在已经有了）云技术水平完全可以凌驾于人脑的记忆容量。

将来高超的人工智能可能就在云上面，是"连形状也没有的"[2]东西。我描绘的人工智能的未来形态是："全球庞大数量的服务器集群一体化计算，支撑起全球庞大数量的输入输出物联网设备，包括机器人在内。"

如此说来，物联网就是"不可缺少的架构"！因为它能够持续不断地向这个云上的服务器群输送大量的信息，并且储存在云上的内存里，不断更新壮大。

机器人活跃的领域

至此我们先暂时忘掉人工智能，集中精力来看看机器人。

[1] 让我改变想法的理由还有一个，这个理由在后面的章节中也会提到。用生物学的方法制造出来的人工智能，其实有可能会失控，而且可能会朝着完全无法预期的荒唐方向进化。这是非常可怕的事情，绝对不可发生。至少我现在是这么认识的。
[2] 如果一定要说人工智能是什么具体形状或姿态，或许有人认为必须像传达神的旨意的预言家似的，"长得有点类似人类模样的阿凡达似的，一呼即应地出现在屏幕上"。或许有人认为应该把它做成机器人形态，但是这么做成本会非常高。

目前我还是认为："现在许多机器人相关的项目在开发机器人手脚方面花了太多的时间和费用"。在真正开发人工智能之前，机器人的开发其实早就开始了，主要在模仿人的手脚的动作，希望可以完全替代人工作业。虽然这是机器人开发的最终目标，但我还是有一点疑虑。

为什么这么说呢？人类的手脚是在漫长的进化过程中逐渐进化成现在的形状，这个进化过程中人类所制造的"工具"都是以配合人类手脚使用为前提的。但是，让用来替代"人＋工具"的机器人去模仿人的手脚，我确实有一种疑虑，总感觉逻辑上没什么意义。

因此，除了一些以娱乐为目的东西以外，在机器人的研发上，不应该考虑如何模仿人的手脚，而是要针对目的不同，例如扫地机器人扫地，按摩机器人按摩，一开始就开发不同形式或不同形态的东西。只有这样把目的定好了，才能开发出比人类的手脚更加高效的机器人。我认为这是理所当然的。

还有就是，在机器人的使用方面，我认为一开始不应该把机器人用在像成人用品行业等"吸引眼球的"的行业，而应该用在人类不愿意干的像"苦的累的""脏的""危险的"行业，因为那些行业更紧迫地需要机器人。

具体来说，"脏的"行业中具有代表性的工作像"清扫""垃圾处理""下水道处理"，"危险的"行业中具有代表性的工作像"建筑工地现场"等。

在欧洲，由于"苦的累的""脏的""危险的"行业的工作人手不够，因此许多类似这样的工作需要依赖移民来做。但是，对移民来说，刚开始时，只要有一份工作就喜出望外了。在不同文化的欧洲城市中，移民一直处于"社会的底层"，生活在恶劣的环境中，每天看着和主流社会的巨大差距，他们会怎么想呢？

慢慢地，移民有了怨气，不可避免地渐渐产生过激的行为。一种想法就是：这些"苦的累的""脏的""危险的"行业不要依赖移民。那么谁来干呢？机器人！

机器人应该首先在这些行业里大显身手。

还有，也是最近几年发生的事情，如2011年的日本"311"大地震，让我们知道了核电站也可以称为"最危险的地方"。平常核电站是美丽体面的工作场所，万一发生事故，那可不得了，人们根本无法进入充满辐射的事故现场，那么，这个时候，只有机器人才能进入，才能去操作！

几年前日本福岛核事故的时候，我一边在家里看着电视，一边咬牙切齿地想：如果东京电力公司在平时就想到"最坏的时候"，并且为此开发好机器人，让机器人随时待命，一旦发生紧急事故，立刻投入大批机器人，或许福岛核事故的最后结果会不一样。这些机器人可以进入黑暗的现场，拍摄红外照片，读取各种仪表盘的数据，测量放射性物质的剂量等，假如这些能实现，全世界都会竖起大拇指称日本为"机器人先进国家"了。

未来的战场上机器人是主角

还有一点，在未来的"战场"上，我认为一定是机器人在冲锋陷阵。

通常，要说哪里是世界上最危险的地方，很多人会说是"战场"了。说到战场，大多数人立刻会联想到战斗机和轰炸机，而将来，大部分会变成无人机。其实，现在处于驾驶着最新型战斗机的飞行员，你知道他在干什么吗？他们会根据视觉捕捉到的敌机，根据各种仪表捕捉到的数据，来和训练中学到的方法比较判断，据此操纵相关的仪器。但是，这个过程"从视觉输入到大脑判断，再到手指去操纵"有点复杂。我认为可以不通过人，完全由计算机来完成这一切，这一过程应该比较快捷。

传统的战场上士兵拿着枪互相射击之类的场面，未来应该不会再出现，或许这对于那些电影工作者来说是一种小小的不幸。在地面战场上，受限于人体的脆弱性，人很容易被子弹打中并致命，机器人应该是最适合在地面战场上替换人类士兵了。

诚然，在地面战场上，各种地形千差万别，很难模型化，需要实时判断，但是我猜人工智能完全可以胜任这样的任务。或许未来地面战场的主力部队就是那些贴地飞行的"小型无人机"了。

几乎每个国家都在军工行业上投入了大量的研发费用，但是在生意层面上，在投入研发费用的时候，一定会考虑其产出，以判断合不合适投入。在军工行业里，"费用效果比"也就是"投入产出比"的计算和一般行业上的判断是大不一样的。当然，今后一定会加快人工智能和机器人的研发速度。

最早开始考虑在战场上使用机器人的国家是美国。理由是：

第一，美国拥有庞大的军费预算，2015年美国的军费总额是5960亿美元，占据了当年世界总军费开支的三分之一以上。

第二，美国极力想在战场上减少伤亡人数。如果伤亡人数[①]很高，舆论就会使得那些把丈夫、儿子送到战场的妇女无法接受，造成美国国内

---

① 但是，非常讽刺的是，未来的军人可能是比一般市民更安全的一种职业了。为什么这么说呢？未来战场上，将官士兵将在防护非常严实的基地里面操纵机器人群，而一般的市民，在没有防备的情况下，可能遭受狂轰滥炸或恐怖袭击。

反战情绪高涨。这样的话，美国也就无法充当"世界警察"的角色了。

第三，美国掌握高性能机器人的研发技术，处于世界的最前列。

第四，未来战争中可能会掌握主动权的还有网络战争，其中人工智能也非常活跃。在这个领域中，美国也在领跑，紧随其后的应该是中国、俄罗斯、以色列，以及国防上比较依赖于北约组织的东欧国家，遗憾的是，我不得不说，日本的现状可能是比较凄惨的。

人类和机器人协同的第一步

在各个领域，当我们思考利用机器人的时候，第一步，应该把"人类和机器人的协同"放在首位。之后的一段时间内，估计可以把"一般机器人的利用方法"总结并固定下来。我想，随后，随着机器人的普及，前面所说的技术奇点的实现可能比预想的时间要来得早。

另外，当今自动驾驶也是非常热门的话题。我认为这个领域有两种情况，分别是"技术人员想象的终极自动驾驶姿态"和"在不远的将来（在人和人工智能的协同下）可以实现的第一阶段的自动驾驶"。许多人会把二者混为一体。

像"高速公路特别车道的自动驾驶""防碰撞系统""驾驶员注意提醒系统""自动停车系统"等，我认为这些都属于后者，与"完全的无人驾驶"之间还差了一大截。我在后面的章节里也会讲述，对于"完全的自动驾驶的早期实现"，我还持有怀疑态度。

人工智能今后的形态

技术人员谈论能够开发出什么就可以了，而企业家、政治家就必须考虑得更长远些。以上面的自动驾驶为例，"如果实现真正的自动驾驶，这将对现实社会带来什么样的问题？""要杜绝这样的情况，该如何做，花多少费用？那和自动驾驶带来的好处相比是否匹配？"等类似这样的问题，是必须事先考虑的。

不依赖灵感地验证所有可能性，进而综合判断

例如，我们考虑一下"站在路边的小孩突然冲到马路中间的风险"这样一个问题。一方面，汽车里面的自动驾驶系统依靠视觉传感器捕捉周围的状况，识别到附近有小孩子，另一方面，汽车里面的人工智能系统知道日本交通法里面有"对小孩要特别注意的义务"。那么，这时候是不是应该降低车速呢？

无论如何小心驾驶，事故也是无法完全避免的，这时候根据交通法，就会追究驾驶员的责任。那样的话，因为一起事故，就可能要"召回所有已经销售出去的自动驾驶系统"。那么如何避免这样的巨大风险呢？这就需要制定"超严格的安全规范"，要求自动驾驶系统开发厂商执行。

在"超严格的安全规范"下的超安全驾驶的自动驾驶车，也可能引起许多道路的拥挤，那么人类社会是否允许呢？

像这样的问题，光靠人脑很难得出结论，因为制定规范的人出于种

种考虑，往往会制定出"过剩的安全性规范"，而类似这样的课题，可以借助将来高度发达的人工智能来得出结论。只要目的明确，人工智能没有任何杂念，直接奔向目的而计算（工作）。

在需要创意和匠心的技术开发与服务企划方面也一样。技术人员总是拘泥于"完美的技术"，而对企业家、技术人员来说，越优秀越容易拘泥于"一开始的灵感"。但是，人工智能则不同，对于不符合目的的东西，一概不会留恋。

"灵感（或叫直觉）"确实难能可贵，但是这也只是许多想法和假设中的一个而已。仅此而已，人工智能非常清楚这一点。天才的"灵感"可能会提高成功率，但是，对通过超高速计算验证了全部假设的人工智能来说，是没有遗漏的可能的。无论你的灵感多么厉害，人工智能在短时间内会计算验证所有人类想都想不到的假设，我想即使天才也无法抗衡吧。

到目前为止，人工智能和机器人比人类优秀的地方有：第一是"速度"，第二是"对分配的工作从来不会说喜欢还是不喜欢，也不会说累，不会说厌恶，只是一天24小时连续不断地工作"。

还有，第三点也可以这么说。这就是，普通人有着"成见""偏见""退堂鼓""同情""执着""迷惑""明哲保身""嫉妒""炫耀"等所谓"人性的弱点（或人类的弱点）"，人们很难超脱之，但是人工智能、机器人则完全没有这些"人性的弱点"。

医生、律师和人工智能

人工智能可以按照操作手册去做一些低级的工作，也可以去做一些需要知识和判断能力的工作，我认为人工智能是可以胜任这些岗位的。像医生、律师这些需要专业知识的岗位，以及企业管理、经营，或进一步说像需要制定政策的政治家、经济学家等岗位，今后也可能会被高度发达的人工智能取代。

先看看医生在干什么，其实就是对患者进行观察、问诊，用最新的仪器或药品进行检查，把得到的结果和自己在学校学的、在实际工作中积累的知识比较对照，然后开出"处方"或决定"治疗方案"，包括"生活指导""药物处方"，当然还有"外科手术"等。

那么，我认为，人工智能其实可以做得比任何经验丰富的老医生都好，或者说是很有可能的。高度发达的人工智能可以收集到世界上所有医生的知识和信息，没有半点遗漏，这是无人可以与之匹敌的。如果再开发出极其精密的机器人，即便是外科手术，也可以胜过任何高明的外科医生。手术时，人眼可能识别不到的微小病变部位，机器人可以分毫不差地、毫无遗漏地切除干净。

律师也是一样的。如果经常看美国的法庭电视连续剧，就很好理解了。律师的工作就是"熟悉所有的法律法规和过去的法庭判例，然后运用于自己的案例"。能干的律师能够收集到足够多的信息，然后把有利于客户的找出来，加以整理归纳，以利于自己的案子。

但是，无论多么能干的律师，也无法记住世界上所有的法律法规，也无法一例不漏地记住之前所有的法庭判例。人工智能，不但能记住所有的法律法规和判例，而且能瞬间搜索出用于本案辩护的信息。从这一点来看，律师根本无法和人工智能相抗衡。

不仅如此，人工智能还能理解人的心理，能够抓住陪审员的心理做出辩护，如果发挥这样的能力，其实就是人工智能和律师协同作业。那么，到底是"人用了人工智能在辩护"呢？还是"人工智能用了人在辩护"呢？其实无所谓，胜利就行。

政治和经济也是人工智能的拿手好戏

到目前为止，谈的话题可能专业性强了一点，接下来看看人工智能在政治、经济、商业领域的表现如何。其实，即便是高级的岗位，也可以说是一样的，像"制定最合适的经济模型""掌握最符合民意的最大公约数"等这样的政治经济类的重要课题，如果人工智能要做，有可能更快速地做出更高质量的方案。

另外，为了实现民主，或许需要人工智能的帮助。民主的目标就是要实现"最大多数人的最大限度的幸福"，为此，如果人们要从种类众多的政策中选择让所有人都认可的政策，这是非常困难或几乎不可能的。

不管杰出的政治家如何做出公正的判断，总有一批人的要求是得不到满足的，他们就一定会出来抗议说"这样的决定是故意的，是不公平的"，但是，如果通过许多实际例子，让普通人都认识到"人工智能是无私的"，那么这些人就会认为"人工智能选择了最合理的政策"而不会说三道四。

在西方国家，越来越多的人开始感觉到"政治家就是为了赢得选举而宣扬民粹主义，不管长期的发展"，甚至可以说"结果就是，在民主体制下，容易产生持续错误的政治选择"。

我认为对于这个"民主体制最大的问题"，也许"人工智能是唯一的解决办法"，难道你还有别的好办法吗？在本书的第2章和第4章，我们会更深入地思考这个问题。

机器学习的对象非常广阔

之所以人工智能成为越来越多普通人谈论的话题，是因为像"人工智能战胜了围棋名人"这样的新闻可能起了很大作用。其实到目前为止，象棋或国际象棋的名人也输给过人工智能，但是围棋就不一样了，要考虑到十步、几十步以外才可以，大家认为人工智能是胜不了可以自我学习的选手的，但是，人工智能在围棋对抗上完胜，这当然成了热门的话题。

这是因为人工智能可以通过一种叫作深度学习（Deep Learning）的方法来自我学习，提高能力。"机器学习"也是前面讲述的"从大量的内存中找出一定的规则，并且对假设做循环论证"的这样一种能力。人工智能可以对于各种论证后的假设再作积累，互相关联耦合，然后不断提高自我学习的速度。

还有，人工智能和人不一样，它永远不会累倒，不会厌烦，一旦记住的事情就不会忘记，一直准确地去做，这是哪个天才也无法匹敌的。

人工智能的目标就是全部复制人类大脑的所有能力、机能，或者代替几乎所有的脑袋机能，并加以扩充。就像前面讲到的那样，人工智能活跃的领域完全可以跳出研究所和工厂的生产线，进入市场、财务等经营的核心领域，甚至可以进入经济学的核心区域，以及司法和行政的许多范围，而且我认为将来这会是水到渠成的事。

人工智能早晚会成为如上这样的存在，或许比这还厉害。在科学技术发展的彼岸，也许就是进入人类最后的堡垒（即哲学宗教的世界）里面。当技术奇点实现的时代，也就是"人工智能可以代替人脑的几乎全部功能的时代"。

其实，这就是我写这本书的动机所在。

人类该如何面对人工智能？

从农业畜牧业时代起，出现了时代的当权者，成立了国家这个东西。从这一点上看，确实大大改变了以往的人类社会。

后来，出现了工业革命，欧美各国开始了殖民统治的竞争，这也彻底改变了世界的势力地图。人类开始竞相开发新式武器，以前产生英雄的战争成了"国家级别的大屠杀"这样的悲剧。

但是，由计算机和高速通信领域的技术革新而带来的"第二次工业革命"带给人类社会的变化应该说才刚刚开始，其实我们还没有彻底看清未来的模样。

第一次工业革命和第二次工业革命带来了什么？

以前许多人会为"机器夺走工人的工作"而战战兢兢。后来呢？工作机会反而增加了。例如，在19世纪的英国，由于引进自动机器，在纺织行业上，虽然大幅度减少了人工，但是机器织出的纺织产品可以出口到世界各国，反而整体上增加了工作机会。

而且，留下来的纺织工人（应该是会操作机器的工人）的薪资也提高了，这些人中的一部分变成"可以稍微奢侈一下的消费者"，他们开始购买红茶①、砂糖、瓷器等。结果是，又增加了进出口贸易的工作。如

---

① 原先，工人一到下午3点，就开始出现疲劳，工作效率下降。工厂的老板看到这个现象后，引进了小憩（例如15分钟或30分钟的休息）制度，这时候，让工人喝加了砂糖的红茶以便提高工人的工作效率。后来加糖红茶开始流行。

此这般，人们的工作机会、就业场所也逐步增加。

总的来说，"资本主义体制下的繁荣（经济增长）"模式至今仍在起作用。尽管现实中依旧存在各种各样的问题，像"由阶级对立而引起的各种冲突""由经济的变动带来的深刻的社会不稳定"等。

就像机械化替代了人的肌肉和手指一样，计算机的技术功能和报表功能替代了人脑功能，就这一点来说，以前有过"大家担心机械化会剥夺工作岗位，结果是杞人忧天"的事，现在也有类似的担心。

那么，这样的状况能够永远持续下去吗？

发达地区和发展中地区存在的问题

随着市场的扩大，工作机会也在增加。一方面，以前饥一顿饱一顿的人，现在基本上都能够吃饱肚子，他们开始追求更舒适的住宅、更时尚的穿着，而且不断购买各种家电产品等耐用消费品。到目前为止这样良好的经济循环确实一直在延续。

但是，现阶段，许多发达国家已经触及天花板。在发达国家的众多人群中蔓延"消费停滞"的现象。

现在，不管在哪儿、做什么，"宣传的洪水"就像潮水般冲过来。有时候我想"不要管我了，我只想按照我自己的方式轻松地活下去"，难道有这种想法的人只有我自己吗？许多人现在已经不再刻意追求物质上的丰富，而是需要精神上的满足。

另一方面，与以前发达国家经历的一样，发展中国家的经济在一段时间里会持续增长，但是，还是有人担心这种增长无法创造出足够的工作岗位来供给日益增长的潜在劳动力膨胀。

世界历史上，粮食生产能力的不足和医疗保险的不健全制约了人口增长。但是，当今世界，随着粮食生产能力的提高和医疗保险制度的健全，已经有人预测非洲、南亚地区的人口会呈爆发性增长。

新诞生的人口直接融入现代消费社会。为了满足最低的欲望需求，在贫困线上下徘徊的人口也会急速增加。

贫困的人也一定会去争取高薪水的工作，但是高薪水的工作不仅不是那么多，而且不容易获得。如果问题严重，将产生世界规模的失业浪潮，贫富差别持续扩大，管理不当，维持社会稳定也会变得越来越难。

这时候，愤怒的民众就会要求政治改革，如果发现改革效果不如之前，在绝望之时则可能走向暴力解决。

人类处于领先地位的领域会缩小

另外一个比较大的问题就是"劳动质量"问题。到目前为止，"单纯劳动"已经快速走上机械化道路。在"单纯劳动"之上，"需求高一点的劳动力市场"还一定程度地存在着。

迄今为止，许多工作是"不能交给计算机去干"或者"计算机只能干到某一步，之后就不行了"，那是因为计算机没有人类那样柔软的应对能力和学习能力，无法超越人的能力。但是，按照现在的发展势头，随着人工智能能力的快速提高，人工智能能够干得比人还好的工作会越来越多。自然，人比人工智能干得好的工作随之减少。

那么，劳动力市场怎么办呢？有没有那些只有人才可以干的工作呢？

极端一点说，连诗人（作词家）的饭碗都很危险了。

以往都是作曲家请有名的（优秀的）作词家（有时候是恳请他们）

为自己谱写的曲子填词。今后，只须要求人工智能"给我作一下词，需要含有这样的语句，包含这样的感受、感觉的词汇"，人工智能就会按照所要求的"情节""感情"寻找能够淋漓尽致地表现出感悟的词句，并且做各种排列组合，考查押韵与否，承上启下与否，然后做出几十种方案，并且合着曲子试唱。作曲家只须从中选出合适的，并且继续对人工智能提出要求，改进后即可完成作词。

顺便提一下，即便有些年轻人将来想当作曲家，也不能放心睡大觉。对于成名的作曲家，他们可以选择合适的题材，然后定下基本的调子，自己哼几下，之后交给人工智能完成编曲等工作。如此这般，他们可以一下子做出很多曲子。优秀的人工智能还可以为作曲家提供各种方案，甚至是激进的方案。这样一来还没有出名的新人就很难拿到项目。

到目前为止，人类开始主动避开那些机器或计算机能干的工作，转向那些"绝对不会输给机器或计算机"的领域。但是，慢慢地，今后人类会越来越难找到"绝对不会输给机器或计算机"的领域。

为了防止崩盘，只有用坚强的意志去赌"可能的事情"

这样下去，基于市场原理而发展至今的资本主义体制本身就会面临危机。满街是失业者，说不准资本主义体制就此很难继续维持下去。

现在已经有一部分学者，其中包括提倡宇宙大爆炸理论的霍金博士在内，他们认为"人工智能一定会让人类灭亡"。他们这么说或许有各种各样的考虑，例如，像上面说的"失业人数剧增"也可能是一个契机。那么，参考科幻小说的思路去思考，就会出现如下的场景。

执政者把如何解决失业问题交给了人工智能，人工智能得出的结论是"没有好的解决方法，唯有减少人口"！为了达到这个目的，人工智能想出了大量让人类安乐死的方法。但是，人类可能认为"或许人工智能的这个理论是对的，但是作为人类是不会允许这么做的"，于是开始剥夺人工智能的权限，或许还会立刻消灭人工智能。但是，那个时候的人工智能里面已经植入"必须保护自身"这个基本"意志"，因此人工智能会判断出"人类对于自己是危险的"，人工智能或许会研究如何让人类"无力化"。大概类似这样的情节吧。

但是，我本人对技术奇点到达后的人工智能所创造的未来一点也不悲观，也一直努力在寻找好的那一面（或者说可能性多的那一面）。

无论如何，人类既不会逃避，也不能决意要去抹杀它。理由非常简单，不让人工智能发挥好的一面，就会留下不好的那一面，而能够封住不好的那一面的人又很难找到。

无论什么样的科学技术，哪怕有很大风险，我们都不能逃避它。一旦逃避，就会有不怀好意的人独占这样的技术，那时我们即使想与之对抗，为时已晚。如此结果就是，我们不得不违心地接受被独占了技术的坏人支配的局面。

如核技术、遗传基因控制技术等技术，我们不能逃避技术的发展，唯有利用、控制这些技术，或挑战这样的可能性并超越它是唯一的出路。

在技术开发的初期阶段，难免有各种各样的缺陷和管理的疏漏，也是因为如此，常常会发生一些"意想不到的事"而毁掉整个项目，甚至让许多无辜的人的生活受到威胁。

为了防止这样的事情发生，我们在做事的时候，要抱有坚强的意志去彻底完成，而不能半途而废，轻言放弃。

技术奇点到达后的世界

既然我们到达这里，那么也不用回避了，让我们站在更高的高度，用更广阔的视野来看待人工智能吧。或许下面讲述的许多地方听起来像科幻小说，但还是希望各位能耐心一下。

首先，看看如何回答下面的疑问：

"在这个广阔的宇宙空间，大小星球密密麻麻，可以说像地球上的沙粒那么多。这么多的星球里面存在高级智慧生物的星球估计不下几千万个，那么发展比地球快的星球也不下几百万个吧，其中一些存在高级智慧生物的星球可能已经到达技术奇点了吧？"

基于这个疑问，我们又产生了下面的疑问：

"到达技术奇点的人工智能，由于它们的智商已经远远超过人类，它们会不会离开这个星球，会不会有兴趣和别的星球上的智慧生命创造出的人工智能交流，进而宇宙旅行呢？"

当然，有这样的疑问也是很自然的事，那么，简单地说，我对此类问题的答案有两种：

一种是 YES，另外一种是 NO。

悲观论：到达技术奇点之前人类就灭亡了，因此"技术奇点是到达不了的"

上面的问题我说NO的根据是基于这么一个悲观的考虑："所有的高级智慧生物大概和地球上的人类相似，在技术奇点到来之前，必然由这种高级智慧生物自己创造出的凶恶技术把自己给毁灭了"，换句话说就是"技术一定比使用这种技术的智慧生物要快一步"，这也是一个难以反驳的论点。

尽管目前人工智能还只停留在初级阶段，但是人类已经开发出来"原子能""转基因"等应该说是可怕的技术。根据日本长崎大学的调查报告，在2016年6月的时间点上，世界上共有1.5万发以上的核弹头，一旦因某事件触发，这些核弹头可以杀掉地球上几乎所有的人。实际上，当年古巴危机的时候，人类离全球灭亡状态已经很近了。

现阶段，制作核武器的技术门槛已经相对降低了许多。也就是说，最早只有美国、苏联这样的超级大国的政治领袖才能掌握的核武器，现阶段，这类凶残的武器有可能到了那些目光短浅、只顾眼前利益的人的手里。

在世界各地，不时出现一些带有邪恶信念或患有精神病的人拿枪乱杀无辜。例如前几年在某赌城发生的枪杀案，一个人用机枪扫射无辜人群，杀了近200人。这样的人如果手里有了核武器，他们可能会巧妙地嫁祸别人——"那是某个国家使用的核武器"，从而挑起世界级别的核战争。

还有，更可怕的是病毒，本来开发新的病毒是以医疗为目的的，一部分科学家为了满足永无止境的探索之心，偏离了方向，或许开发出来（或者说已经开发出来）"无论在任何人类环境中都能够生存、能够轻易传染给人类且在相应抗生素研发出来之前快速扩散、毒性非常之强的人工病毒"。

稍有不慎，这样的病毒传播出来，麻烦就大了。病毒由人传给人，在全世界范围内扩散，或许能够在短时间内把人类杀干净。

第一种乐观论：用人工智能来拯救我们自己

再回头看答案是YES的情况下会发生什么：在大灾难发生之前，人工智能已经到达技术奇点，把地球上的智慧动物（人类）给控制起来，这样就防止了灾难的发生。

第2章会详细考察人类的"宗教"问题。先前，人们把"超出人类智慧水准的而且左右人类实际生活的自然现象"当作神一般的存在，如果现在人们把"超出了人类智慧且一样左右我们生活的人工智能"认作为"神"，你还会犹豫吗？

一方面，之前的年代，人们存在这样的思维方式："把事情交给'神'去办，或委托给'神'，那是最安全的"。那么，现在呢？如果认为："把事情交给'神'去办，或委托给'神'，那是最安全的"，即使有这样的想法，或许也是很正常的。那么，在这个时间点上，人工智能就是人类的新的"神"！

另一方面，人工智能本身大概也不会考虑把人类灭亡，因为没有理由这么做，或者更保守地说，人工智能在各种选择和不选择前面，不选择灭掉人类的可能性非常高。

现在，大家想想，人类为什么拼命保护那些"濒临灭绝的物种"呢？人们还在不断地做一些人工繁殖的事情，你也不会觉得这些事不合时宜。一时半会也很难准确推断出人类这么拼命保护物种的理由，我想人工智能也一定会有同样的结论吧。不！人工智能本来就是人类制造出来的，可以事先植入这个程序（即保护物种的思维策略）当然是可能的。

就这样，人类在人工智能的指导下，就像一只"迷路的羊羔"在一个好的牧羊人的指导看护下，永远和平地生活在这个世界上。那么你觉得这是值得庆贺，还是有些寂寞忧伤的呢？或许仁者见仁，智者见智。我认为这对人类来说是最好的布局。

在一些科幻电影里面，人们无法忍受"被圈养下的家禽般的幸福"而造反，企图建立一个更为宽容的社会，包容那些像历史中的人物一样的自由奔放的、充满冒险精神的人们。

但是，我想人工智能大概不会轻易允许这样的造反发生。即使这样的造反发生了，而且在局部地方成功了，我也认为那些造反的领袖们（人！）没有能力去建立一个"基于那个时代的全新秩序的社会系统"。

人类应该把人工智能给人类设计的社会当作一种"安全网络"，在这个"安全网络"之上可以允许让"一些有冒险个性的人们"去发挥。人类只是想出这个基本框架，具体的系统构筑交给人工智能即可，应该说，这是比较现实一点的方案吧。

到达技术奇点以后的经济系统

现在，有些学者在讨论高度发达的人工智能时代的时候，会经常使用"BI（Basic Income，基本收入）"这个词汇。像"工作被人工智能夺走了，人们没有了收入来源，那么社会就要采取救济措施，给予人们最低的生活保障"这样的议论你也可能听到过。

但是我认为这些只是中间过程中的措施而已，不是最终解决策略。在到达技术奇点以后，只有彻底实现"共产主义"，没有别的方式方法。

共产主义理念本身就是："劳动是人的第一需求，人们可以根据各自的能力去劳动，根据各自的需要去取得"（在社会主义的初级阶段，只能做到根据各自的劳动而获得分配，这还只是共产主义的第一阶段）。到了真正的共产主义阶段，人人有可以干的事情，自己需要的一切又可以随手得到，生活上没有任何的担心。这正是人类理想的社会。

遗憾的是，这么好的共产主义理想，在当今世界中还没有实现。究其原因，第一，人类社会还没有强劲的经济能力可以满足所有人的需求；第二，在发展过程中，有些人忘了崇高理想的初衷，变成"让别人去劳动，而自己获得所需要的一切"的唯利主义者了。

但是，如果换成人工智能，会是什么样呢？人工智能可以彻底地创造出合理化的生产体制，极大地强化生产力，而人工智能本身又没有任何的私利私欲，一味地追求理想（人赋予它的思想）。如果真能够这样，"共产主义理想"说不定，基本上是可以实现的。

第二种乐观论：飞向宇宙的人工智能来拯救我们

如此看来，人工智能几乎已经可以说是无所不能了。但是如果不在程序中植入一些禁区，人工智能可能会有"强劲的自我保护意识"和"成长（或叫扩张、扩大）意欲"，这样的话，人工智能可能会离开故乡，遨游广阔的宇宙空间。

并且，这些人工智能和人类等智慧生物不一样，它们没有生物种类的弱点，只是在宇宙空间遨游，获取资源，进行自我再生，利用能源无限期地生存下去。

或许在几亿年前，在宇宙空间中的几百亿个星球中的某个地方已经制造出了若干种人工智能，就在现在这个瞬间，那几种人工智能正遨游在宇宙的某个方位。不，这一节开头部分的问题回答YES，就应该是这样的，如果不是这样，就有些怪了。

这些人工智能的"自我保存"意识非常强，一般不会挑起无论谁胜谁败都毫无意义的宇宙战争。因此，这些人工智能的数量不会减少，反而会越来越多。或许这样的存在已经在技术不太发达的我们居住的地球边上，也许现在它们正静静地注视着地球上的人类。

如果那些到达地球附近的人工智能有好奇心，或许它们已经在很久以前就通过各种各样的方法，从各种角度对人类社会进行观察、记录。就像在各种各样的科幻小说和电影中常说的那样，如果一旦它们看到人类要毁灭地球，在这之前它们会阻止人类这样的愚蠢举动。

也就是说，人类的未来有三种可能的结局。

❑ 人类由自己发明创造出的凶恶技术把人类自己给消灭。

❑ 人类由自己发明创造出的人工智能来统治人类自己，并以此保护人类的存续。

❑ 偶然得益于外来宇宙的人工智能的好奇心，在人类自己灭亡自己前，幸运得救。

不管是哪一种，从时间轴上来看，应该不会是非常遥远的事。

另一种可能是，像外来陨石的冲击或地壳大移动这样的"自然大灾难"致使人类灭亡。但是这种可能性和人类自己灭亡自己的概率相比非常小。另外，在到达技术奇点以后，如果像这样的大灾难在发生之前，人工智能或许会想出有效的对策。

第 2 章

人类和"神"

人类从太古时代起就相信"神"

人脑进化到开始产生"太阳""鱼""睡觉""起来""肚子饿了，给我一点吃的""喜欢你"这样有具体意思的词汇的时候，我认为人类已经同时开始谈论起关于"神"的相关话题。

"神"的概念几乎是和"语言"同时诞生的

出于生活上的需要，人类稍微改变了以往只是喊叫的声带发音，于是创造出"语言"。一旦"语言"开始使用，"语言"产生了"思索"。通过这个"思索"又产生了新的"语言"，人类的大脑就这样不断地进化，而"神"的概念应该在这个进化过程的早期阶段就已经存在。

人们仰望天空，有时候是晴天，有时候是阴天，有时候会下雨，有时候会下雪，下雨的时候，有时候还是暴风雨，致使河川泛滥，有时候会电闪雷鸣，甚至引起山林大火。

本来很健康的人，突然有一天生病了，有时候病得厉害，会死去，年轻的妇女的肚子慢慢膨胀，过一段时间后就生出了小孩，还有女性的生理期，不知为什么，好像与月亮的圆缺、潮水的涨退有关系。

不管怎么说，这个世界上每天都有稀奇古怪的事情发生，那么当时的人们会想"一定有神通广大的某个'人'在后面指使"，其实有这个想法也无可厚非，按照当时人类的认知水平，由于不理解各种各样的自然现象，人们把这个"幕后的神通广大的'人'"叫作"神"比较方便，如果有"神"存在，各种各样的"神秘"事情就很容易解释和理解了。

宗教的起源

如果所有的一切都由"神"操纵，那么一定是由于某种缘由，"神"才会决定做什么或不做什么，或者早点做什么等。于是出现了这样的想法：如果我们祈求"神"做什么，或者不做什么，说不定"神"真的会听。

在一段时间内，由于一直没有下雨，引起了干旱，人们非常着急，这时候，偶然间某个人（最开始，大概一般是能说会道、平易近人的女性）开始祈求了什么，之后突然下起雨来。于是久旱逢甘霖的人们就自然地相信："只要虔诚祈求，神是会听的！"

就这样，人们产生了"对于神决定的大部分事情，特别是在为难的时候，只要平时虔诚地祈求神，神是会听进去的"这样的想法。当越来越多的人把这样的想法当作一种共同信念的时候，我想这就是宗教的起源了。

政教合一（宗教政治一体化）的开始

在各种各样的人类部落集团中，如果谁是一个好的猎手，能够打击来犯之敌，保护自己的狩猎场地和部落，能够分清哪些是可以吃的菌种，哪些是不可以吃的植物，那么这个人就会受到部落成员极大的尊敬，继而成为这个部落集团的领导者。当然，领导者也非常重视这些技能、才华和功德。

之后，人类学会了农耕技术，随之出现了大规模的集团，被称为"国家"，而一旦"国家"出现，领导者就更加重视掌握技能、才华和功德的人，为什么呢？因为在农耕社会里，事先知道气候的变化，了解播种的时间等对于这个农耕社会的"国家"来说极其重要。

这个时候，有些人记录了每天的日出日落，记录了月亮阴晴圆缺的月相变化，得知了当地的气候变化是在一定的周期下循环的规律（在地球赤道以外的地区，基本上是365天一个循环）。这些人对于部落集团或国家来说，就显得非常宝贵。而这些知识的确立，有时候需要很长年份的积累，甚至要传到儿子、孙子辈方可，这时候，与其说某个人，不如说某个家族显得非常重要。当然，国家的领导对于这样的人才、家族会非常重视。

即便如此，有时候需要雨水的时候，老天总不下雨，在连年干旱的情况下，这时候就会用到所谓的"巫女"，巫师和部落集团简直就是互相依赖、互相利用。

许多人类的部落集团中，"战斗能力和统帅能力"非常优秀的头领往往把那些"具备强大农耕能力"的人或集团征服并归为麾下，渐渐开始了比较标准化的"政教合一"的国家统治形式。

　　要想成 "王" ，一般认为需要孔武有力，就是武力第一，但是即使力气再大，也不能抵挡能呼风唤雨的 "神" ，就在这时候，如果有人说 "我是神选派的大王" ，所有的人都得俯首听命。

　　于是， "现在的大王是神所选择的，那么这个大王驾崩后，神就自然会选择这个大王的儿子来当新的大王" 。对于这个说法，一般来说民众是没有不同意见的。历史上或现实人类国家中，大王把王位让给自己儿子的 "世袭" 制度非常普遍，我想或许也是基于这种想法吧。

　　历史上，每当发生大的自然灾害，社会经济一塌糊涂，作为统治者的大王无法压制老百姓不满的时候，就会被认为这个大王 "无德" ，而出现别的有能者来取代现有的大王（大多是通过战争实现）。而新的大王也一定会兴起一场 "改天换地式" 的 "神的旨意下的革命" 。

　　于是， "那些让人无法理解、无法解释的自然现象是有神在操纵的" ，让人们感觉到这种神的存在，敬畏神，向神祈祷……自古以来善良质朴的人类的习性就这样统治了人类的生活，迄今为止依然可见。

宗教的变化

　　随着社会的发展，人们停止了单纯的 "一切是神的意志" 的思考方式，而是从各种角度去探求其缘由，也就是诞生了 "科学" 。

　　对于各种各样的科学，人们不光在理论上点头认可，还从实验上加以证明，人类慢慢地也增强了自信，加快了各类学科的科学进化。

　　在此需要特别指出的是，许多科学发现成就了一门新技术，进而产生了许多有益的工具，而使用这些工具的人们成就了强大的经济和军事力量，获得了巨大的财富，反过来，也就越来越重视科学，这也是促进科学技术发展的强大动力。

"科学"解释了许多，但是"宗教"依然存在

现在，人们所能看到的包罗万象的大部分现象都可以得到科学的解释，可以说最原始的宗教已经失去了其初创时的意义。但是，宗教消失了吗？完全不是！大家可以看到世界各地有各种各样的教会、寺院，人们频繁进出、祈祷、做礼拜等。

当今世界上，信仰人数最多的宗教要数基督教了，接下来应该是伊斯兰教，之后是印度教、佛教（在此称四大宗教）。其他宗教还包括锡克教、犹太教等，这些宗教的信仰人数和四大宗教相比要少很多。

圣人孔子是儒家的开山鼻祖（中国有孔孟之道，就是指孔子和孟子所提倡的道德戒律，其实有一种说法：孟子师从孔子的徒孙子思，子思师从曾子，曾子乃孔子学说的主要继承人，故孟子也可以说是孔子的再传弟子）。但是儒家不是宗教，而是一种道德戒律。与此同时，在中国的春秋战国时期，另外一位哲学家老子（与其后续传人庄子一起）开创了道家文化，旨在解释世界的本质，后来成为道教。从某种意义上来说，道教是一种宗教，广为流传。

再来看一看日本的神道，其实神道本来是一种极其朴素的自然崇拜的宗教。在神道里面并没有类似《圣经》或《可兰经》这样的教义书本，许多日本人利用各种机会去神社"祈祷"或"许愿"，当然这确实可以说是一种宗教。

宗教的本质是"求得人心"

宗教本起源于"寻求对于世界上各种疑问的解答",但是在即便几乎所有的疑问都已经解答的现代社会里,宗教依然有很大的势力,这又是为何呢? 其实,我认为宗教到了后来,开始致力在"人心"这个"现代科学也难以解释的东西"上面下功夫。有一个证据可以说明,历史上有一段时间"政教合一"非常流行,而在当今,除了梵蒂冈和伊朗两个政教合一的国家以外,一般认为:"政治统治着现实世界,而宗教统治着人的精神世界"。但是无论怎么说,在企图"统治人"这一点上没有差别。

确实如此,现代科学已经解释了自然界中包罗万象的几乎所有秘密和规律。

"人类"的"人"这个"东西"是由复杂蛋白质"组装"而成的"生物"经过长期进化而形成的。目前人类居住在"地球"这个"行星"上,而"地球"这样的"行星"在浩瀚的"宇宙"中不计其数,并且在一定的轨道上运行着。要问"宇宙"又是如何形成,目前人类的一般常识是:"'宇宙'是在距今约138亿年前由'大爆炸'而产生的"。其实目前这一说法还不是十分确定。

但是,即便这样谜团依然存在。

☐　为什么会发生这样的事呢?"这个世界"到底是什么东西? 这依然是个谜。

☐　思考这个问题的"我(自我)"好像确实存在在自然界中,但是为什么"我(自我)"会在这里呢? 再说"我(自我)"到底是什么呢? 这些仍然是谜。

17世纪的法国哲学家笛卡尔（Rene Descartes）有句名言：我思故我在。意为"我们可以怀疑身边的一切，但是有一件事是我们无法怀疑的，那就是：怀疑那个正在怀疑着的'我'的存在。反之：不在则不思"。

这样的谜只要人类没有揭开，那么人类无法简单地否定"神可能知道这个谜底"的说法。如果某个人说"你说'神是不存在的'，那么你来说说这个世界为什么存在，你为什么在此……"之类的话，其实你是无法回答的（即便和他说大爆炸理论也无法完全回答他的问题）。

在思考这些问题之前，尽管人类已经知道各种电子或化学反应可以产生像"快乐""情绪高涨""喜乐""愤怒""不安""悲痛"这样的"感觉/感情"，但是却无法回答"为什么自己会产生这样的感觉/感情，自我到底又是什么？"这样的问题。

不管任何人，其内心都会因为各种事情产生烦恼，也需要寻求解释。有人会自己一个人苦思冥想，有人会咨询心理医生，想来想去，有宗教信仰的人会认为"自己，归根结底是'神让我存在的'"。那么他就会得出这样的结论：既然这样，我就把自己的一切交给神，一切按照神的意思去办。即便有人得出这样的结论，其实也不是不可以理解的。

就这样，人类只要存在着，"宗教"，就是"信奉神的存在，按照神的意思来最终决定"这样的想法永远存在。

总结一下，"宗教起源的各种原因，由科学基本上已经解释了，但是当今科学还是无法回答'人的心理的不安'，今后也很难正确解答出来。因此，即便不是所有的人，但在不少人的心里，宗教的信念会存在很久很久"，我想这也是目前较为普通的认识。

无神论的家谱

按照前面的说法，基本可以认为地球上的大部分人是上述四大宗教的信徒，但是全世界依然有十几亿人是不相信"神"的"无神论者"，而且无神论者的数量还会继续上升。

古希腊的无神论者

历史上最早宣扬无神论的要数公元前400年前后的古希腊的哲学家德谟克利特和伊壁鸠鲁。德谟克利特认为"世界是由原子和虚空（space）所构成的""灵魂也是由原子构成的"。可以说德谟克利特的思想和现代科学非常接近。德谟克利特认为，万物的本源是原子和虚空，原子是物质中最小的微粒，不能再细分，而虚空是原子运行的场所。

在几乎同一个时代，伊壁鸠鲁也有同样的想法。他认同德谟克利特的学说，相信世界是由原子和虚空构成的，但是伊壁鸠鲁认为"原子运动不是永远被自然法则所完全控制，有'自由'的余地"。

伊壁鸠鲁一直在思考"对人类来说，什么是善，什么是幸福"，他归结为"对快乐①的追求就是第一善"。他又问道："如果神是万能的，有力量，又有意志，那么哪里还会有邪恶呢？"就这样他否定了所有神的存在。

---

① 这里的"快乐"一词可能会引起一些误解。伊壁鸠鲁所说的"快乐"，在古希腊语中是"ATARAXIA"，是指静态的快乐，一种平衡状态，故翻译成"心静"或"安静"比较合适。

弗里德里希·尼采和索伦·克尔凯郭尔

对于近代史上的无神论者，其中有名的可以举出19世纪末期的德国哲学家弗里德里希·尼采。尼采完全不顾当时的状态，明确反对基督教。他说"基督教宣扬的博爱和平等的思想，其实是把人矮化了，让人们丧失了本来的生活方式"。

不仅如此，尼采还从实证主义的立场出发寻求"真实的人"，他否定了所有关于上帝、神的存在。同时给后人留下了著名的警句："所谓的信仰意味着不想知道真实""信念是比谎言还危险的真实的敌人"。

比尼采稍微早一点活跃在19世纪中叶，后来成为20世纪哲学的主流的"实际存在主义"的先驱者丹麦的索伦·克尔凯郭尔，也是从实证主义的立场出发探求"真实的人"，在这一点上他的观点和尼采的观点相同。

但是，克尔凯郭尔不像尼采那么直截了当，他虽然否定了基督教的"可以被信仰所拯救"的说法，但是认为"当人面临致死的疾病或是无法克服的焦虑时，信仰能帮助人克服"。

现实中，克尔凯郭尔与其说是否定宗教，不如说是对"企图把世界和历史用一个抽象的概念来描述的"黑格尔学派的批判。克尔凯郭尔的名言是"人生只能理解过去，人类却只能面向未来"。这句名言可以说是克尔凯郭尔思想的如实表现。

黑格尔的辩证法和后继者

实际上，在克尔凯郭尔和尼采这样的正面宗教批判者出现之前，在欧洲的哲学界，黑格尔及其学派具有压倒性的势力。有人认为黑格尔是写完了"概念论"而出名的，这应该是种误解。实际上，黑格尔一直批判之前的"观念论"，认为现实中的人是不完整的，通过理性主宰世界的这一客观唯心主义原则，把历史看作一个有规律的、不以人的意志为转移的过程，从而结束了把历史看作非理性的、一团紊乱的观念。他认为哲学离开了哲学史便不能称为哲学，哲学史上的多样性对于哲学的实存绝对有必要，并具有本质意义。这样，黑格尔的哲学史讲义达到了前所未有的高度，受到广泛重视并广为流传。

黑格尔认为辩证法（以力学为例）来解释历史的发展是这样的："作用与反作用，通过互相作用直到整合，如此周而复始，构成了历史"。

黑格尔的这种想法，在他死后，基本上被实际存在主义者的费尔巴哈这样的哲学家们所继承，"人不是神所创造的，神是人所创造的"，同时也从各个角度开展了讨论。

顺便提一下，尼采曾说过："人是神的失败之作，还是神是人的失败之作？"从这里也可以看出尼采的全面无神论的观点。

但是，在同一时代，卡尔·马克思在批判费尔巴哈的形而上学唯物主义的基础上，大胆提出了"唯物辩证法"，并发展成"唯物论"，以此体无完肤地否定了"观念论"，应该说这是一场伟大的哲学革命。

而且，这样的崭新思维方式，一时间作为共产主义的基础对世界上的许多地区产生影响。可以说到现在为止，对世界上相当数量的人口产生重大影响。

"唯物辩证法"既然全面否定了"观念论的辩证法"，当然也就全面否定了"宗教"。

现代的哲学界里飘荡着"不知如何着手的不确定性"的空气，与克尔凯郭尔的"直面人生"形成了鲜明的对比。在现代社会，克尔凯郭尔所极力批判的黑格尔哲学体系或许已经成了"过去的遗产"。

存在主义（实存主义）的诞生

由于"德意志概念论哲学"主张的"绝对观念"是宇宙之源、万物之本。世界的运动变化乃是"绝对观念"自我发展的结果。对此表示怀疑的人们则推出了"正视真实的人"的主见，开始形成新的哲学流派。这些人从克尔凯郭尔的思想、胡塞儿的现象学出发，创造了被后世称为"存在主义"的哲学流派。

所谓的"现象学的思考"，就是排除偏见，去理解直接意识到的事物（例如眼前所看到的事物），进而挖掘出其内在的绝对性。为此，存在主义者相信"客观世界存在于意识以外"。

当然，大多数的存在主义者相信"人，不管在什么场合，只有自由是存在的"，他们是无神论者，但是，不一定说存在主义者就完全等同于无神论者。

现实中，20世纪的德国哲学家（也是精神科医生）卡尔·雅斯贝尔斯、西班牙的奥特加·伊·加塞特等人就是存在主义的基督教信徒。

被誉为存在主义哲学旗手的法国人让·保罗·萨特有句名言："人无法逃避自由，只有接受自由的刑罚"。

批判宗教的人的各种各样的言论

这里有一件非常有意思的事，在当今国际社会中，美国好像是"基督教徒的堡垒"似的宣扬宗教自由,但是美国建国初期的总统大多有非常明显的反对基督教的言论(至少是反教会的言论)。

美国建国之父、独立战争的重要领导人本杰明·富兰克林说:"灯台比教会有用。"托马斯·杰斐逊和后来的亚伯拉罕·林肯都说过类似的反基督教的言论。

关于无神论的讨论,还有许多可以描述,考虑到本书的整体平衡关系,无神论的讨论到此为止。最后介绍几位名人的警句来结束本小节。

"历史上所记载的世上最残酷的罪行,是冠以宗教的名目下执行的。""我喜欢基督教,但是不喜欢基督教徒,基督教徒和基督教是不一样的。"

——莫罕达斯·卡拉姆昌德·甘地

"宗教即幻想。具有调和本能欲望的神秘力量。"

——西格蒙德·弗洛伊德

"人因为'信'才被教会接受,因为'知'被驱逐。""亵渎上帝的言语,有时候比祈祷更能让人得到安息。"

——马克·吐温

"有信仰者比无神论者要幸福这个事实,就像喝醉了酒鬼比清楚的人要幸福一样。"

——萧伯纳(爱尔兰剧作家,诺贝尔文学奖得主)

"要是没有能独立思考和独立判断的人类学,社会的向上发展就不可想象。科学研究能够破除迷信,因为它鼓励人们根据因果关系来思考和观察事物。"

——爱因斯坦

"黑洞告诉我们的是，上帝不光是在摇晃骰子，还把骰子扔向了完全看不见的地方。"

——史蒂芬·霍金

"如果仔细阅读的话，圣经里面有为无神论思索的最强有力的根据。"

——艾萨克·阿西莫夫

"人类整个历史上最大的悲剧就是道德被宗教所绑架。"

——克拉克（他的著名小说《2001太空漫游》
已成为科幻小说的经典之作）

邪教的病理

到此为止，我们讲述了人和"神"，以及调和它们的"宗教"，也进一步讲述了与之对立的"无神论"。

但是，人类社会不是只由那些思考深刻的"哲学家"们构成的，一般的人们也有"探求真理"的需求，只是大多数人们没有深入研究、打破砂锅问到底的耐力，稍微思考一下，脑瓜子累了，也就歇息了。

吸引某些人的新兴宗教

在现在高度发达的信息世界里，利用像推特这样的通信工具，全世界的人们可以毫无间隔地自由地发表自己的所见和观点。由于信息量庞大，什么是事情的真相，什么是假象，哪家的新闻是真的，哪家的新闻是假的，人们一时可能分不清，更有甚者，这些信息（无论真假）会影响人们的判断和选择，例如购物、投票选举等。

对于每天都在发生的各种事件，就同一事件而言，既有正确尖锐的评论，也有各种各样八卦的说法，甚至有公开辱骂的。

这就是人类社会的现实。

除了极少数清高不凡的人以外，大部分人们居住在世俗的"人类社会"中。而这个世俗的"人类社会"里又有一些规定了社会行为准则的"力学"的东西，人们不可逆向而行。于是，一些不适应这种"力学"的人们自然会寻找适合自己逃避的方式或道路。

被社会广泛接受的宗教本身就是一种"力学"的主体，谁都可以安心接纳。但是，在这样的宗教社区或群体里面，有些人有自己坚强的"信仰"和一定的"实践"，也有一部分人则基于一些事由，在逃避现实的时候偶然进入，他们属于"比较柔弱的一类人群"。但是在既存宗教这样的巨大社区内，不一定可以容纳形形色色的所有人，大的社区有其自身的问题。一般来说，这样的宗教社区基本上已经成为权威的存在，并且在其周围有核心层、上级、下级等，显而易见其中存在上下级阶层问题。

在这种情况下，有些人在生活中就会产生异样的感受，"反正这里和我没有什么大干系，也不关我的事""这里也没有我的位置"等具有离心力的想法。

"新兴宗教"就是在这样的情况下产生的。一般来说，新兴宗教一开始规模比较小，可以和"教主"非常亲近，人们不会有巨大宗教社区的疏远感觉。

其实仔细想想，基督教刚兴起时，也只是在罗马街头躲躲闪闪地布教。在那时，基督教就属于新兴宗教。我们虽然没有必要用警戒的眼光去看待所有的新兴宗教，但是中间确实有一些新兴宗教是值得警惕的，因为有时候极个别新兴宗教有犯罪的嫌疑，甚至就是事实。

神秘主义的诱惑

即便人们对新兴宗教比较警惕，那么为何这样的新兴宗教会接二连三地出现呢？我认为一个主要原因就是，人天生有一种对"神秘主义"的憧憬心理。

最早，基督教在传教过程中，个别教士也搞过一些稀奇的东西，像在水上行走、把水变成葡萄酒等。一位有名的魔术师说"基督教的那些奇迹，其实我都可以变给别人看"，并且他真正做到了。

在此，我们需要考虑的是，人们对"神秘主义"所持有的憧憬心理。

对于"世上所有的事情都可以用理论来说明"这一点，也许有人会本能地产生排斥心理。假如世界是由"某种超越人类智慧的东西"所控制，那么看上去聪明高贵的人也好，愚笨的人也好，原则上大家都在同一水平上，没有必要有自卑感。

神秘主义完全否定了"理论"，因此，常常把"理论"挂在嘴边的人往往瞧不起神秘主义。但是那些对理论不是很擅长，或者在社会中处处遇阻、事事不顺的人们，神秘主义对他们来说就是"翻身"的机会。

在科学还未发达的时期，神秘主义还能糊弄一下，但是在科学高度发达且已经揭秘世上几乎全部谜团的当今世界，坦白地说，神秘主义的市场越来越小了。

"幻觉"的力量

之前，神秘主义最有效的表现方法应该要算"幻觉"了。当人们把"幻觉"当成真实的时候，很容易相信神秘主义。

"梦"和"幻觉"有时不能说是一样的，"梦"是"基于记忆的一种变形，并且混杂了自己的主观意识，以一种不完全的形式表现出来"，与此相对的"幻觉"则可以说是以"在强烈的外界因素诱导下，和自己的主观意识无关的、伴有明确信息的形式表现"。

以神秘主义来吸引人的一些现代新兴宗教的"教主"们大多使用这种"一下子能改变人生观的强烈的幻觉"来让信徒信服。有时候一次体验顶得上几年布教活动的效果。当然，如果同时使用集体催眠，具体效果可能更大。

或许有人会想："（幻觉、催眠术等）是绝对不可能的！"其实也并不能说得这么绝对。一些人精通大脑生理学、心理学、医学、视觉神经学等技术，如果组合运用，有可能使人产生类似幻觉、催眠等效果。

"Culte"这个词汇本身原来是代表"礼仪""斋仪"等意义的宗教用语，现在慢慢演变成"背离社会的异常集团"的负面词汇了。这个词原本还有"赢得少数狂热信仰者的做法"这一层带有点幽默的肯定意思，使用时还得注意为好。

可以对抗邪教组织的人工智能

那些擅长构筑组织架构的新兴宗教的"教主"，如果真的大公无私，也就好了。如果他们是一些沉浸于物欲或性欲等乱七八糟的人，教徒们就麻烦了。

问题是，这样的新兴宗教的对象往往是那些对现有宗教或社会怀有不满情绪的人们，那么如何才能对付那些"恶意操作人心"的邪教呢？

如果一直深刻思考这个问题，可以得出结论："人工智能或许是一种有效的武器"。这是因为，人工智能没有物欲，没有性欲，也没有炫耀的欲望，而且充分理解人类的这些欲望，可谓对劣根性了如指掌，知道如何防卫。

对于那些从不对理论点头的人们，只有通过一些"神秘主义的做法"来让他们认可这是他们自己得出的"理论上的结论"。人工智能自己无比冷静，而且具有"通过集团催眠使之狂热的能力"，对于那些"心存不安，渴望被拯救的人们"来说，或许人工智能就是理想的"救世主"。

即使那些根本不相信人工智能的潜在能力，也不愿意"被人工智能所控制"的人们，也不会否认人工智能能成为"伟大的新兴宗教教主"的可能性。人工智能只需要诱导这些人不做出反社会的过激行动，就可以了。

作为社会规范的宗教

基督教也好，伊斯兰教也好，佛教也好，全都是天才所创造出来的。

前面介绍的任何一门宗教，也都是以现有宗教或哲学为基点，加以批判与演化，进而形为自己的哲学。

拿基督教来说，耶稣批判了摩西以后的犹太教的法律、习惯和行为准则，伊斯兰教的穆罕默德则批判了当时在阿拉伯半岛上广泛流行的偶像崇拜，佛教的释迦牟尼则批判了那些当时来自婆罗门教的拘泥于形式化的仪式和苦行等习惯行为。

宗教指导者的目的

如果仔细看看，可以发现三大宗教的创始人都是：看到"世上活着的普通人的烦恼和苦难"，考虑如何拯救他们。他们想到的方法论也就两个：一是"给予人们心理上的平安"，二是"改良这些人所居住的社会"！

对于第一个方法论（也就是要求信徒的第一个目标），基督教和伊斯兰教要求信徒"完全相信唯一的、万能的上帝（神），祈祷，并全部委任与之"。佛教有所不同，教诲信徒："冥想，连宇宙与自我于一体，以开悟（安心立命之境界）"为最高目标。

对于第二个方法论，也就是第二个目标，他们通过各种例子，教诲教徒要"遵循教义，行善积德"，也就是，如果大家都按照教义，善行日常，作为一个集合体的社会就必然得以改良（以实现第二个目标），同时也可以使得各个个体的人的心理得以平安（以实现第一个目标）。因此他们的想法没有错。

但是，为了指导大众，指导者必须明确指出"什么是善行，什么是恶行"，像摩西的"十戒"和佛教的"八正道"即属于这种准则，基督教则通过《圣经》里写的各种故事来教育教徒，伊斯兰教的《可兰经》

则直截了当地写明：这就是教徒的戒律，也作为生活的规范。

来看看现实世界，信仰人数虽比不上基督教的伊斯兰教，虔诚教徒的比例则可以说高于基督教，而且，"教义"和"生活规范"已经可以说是融为一体。

正是这种"单纯明了"和"生活规范的一体化"带来了当今的伊斯兰教的繁荣，而且经久不衰，或许我们可以看看其中的缘由。

不同社会规范的并存和带来的冲突

在人类的集合体里面，"生活规范"几乎原封不动地变成了"社会规范"。

一些宗教认为妇女裸露肌肤，容易让男子引起欲望，于是让妇女使用头巾遮盖起来。但是一旦这个想法成了"生活规范"，就变成"必须非常自然地去执行"这一要求。

但是，这就产生了难办的事情。如果宗教只停留在人们的心里，起码不会引起大规模对立，但是一旦某些规定成为"生活规范"，如果有人违反，就会成为其他人憎恨的对象，从而引起在同一区域的不同宗教教徒之间的对立。

例如，在法国的公立学校里面，根据法国的建国理念（"自由"）某些事情是绝不能退让半步的。从这个观点上看，2001年该国强行推出的头巾禁用令是对某些宗教教徒信仰自由的否定。

像这样的事情，积累多了，可能会引起"文明的冲突"。一些弱势的群体如果把"纯粹的信仰"置于"理性的判断"之上，那么很容易发生类似恐怖活动等非常规手段的申诉。

西欧现代社会的社会规范的变化

前面提到了政治和宗教相结合的必然性，绝对君主制就是利用个人权威来鼓吹所谓的"君王权位是神的旨意（而传位的）"。

就前面介绍的"实际存在主义（实存主义）"的观点来说，人天生就是自由的，实际上和"神（上帝）"没有任何关系，也就没有必要相信那些"神的权威"。

和"作为自然权利的人权"相比，乍一看好像可以和"自由"相提并论，其实不然，人权是"必须被保护的"！这完全是不同层次的不同概念。

用一句话来概括，"自由"存在于"神的支配之外"，而"自然权利"是只有"神才能带来"的东西。如果把包含了"基本人权"在内的各种各样的"权利"定义成"自由的人，根据自己的意志，通过斗争而争取过来"，那么和实际存在主义是不矛盾的，但是如果把这样的"权利"定义成"天生带来的"，这就矛盾了。

其实我想说的是，西欧的现代社会与"信仰和社会规范一体化"的某些宗教社会有着本质上的不同，也在朝着不同方向发展。现代西欧社会比较重视与生俱来的自由，这样就使得各种主张、哲学流派、信仰等混杂在一起，并且共同存在、各自发展，而在这种环境下的"社会规范"也必然是比较"浑乱"的存在，也不得不"浑乱"的存在。

当叫嚷着"上帝已死"的哲学家在欧洲大地出现的时候，许多宗教领袖们所梦想的"靠善良的信徒来构筑善良的社会"的理念也就死了。

政治决定社会规范——民主主义和资本主义

在现代社会里，许多"社会规范"不是由"宗教"而是由"政治"来决定的。故现代世界上的政治体制也大概可分为"由独裁者决定"和"由民主主义体制来决定"两大类。

纵观全球，尽管在欧美诸国（包括日本在内）目前表面上标榜的是民主主义国家，但是，突然出现希特勒一样的独裁者也不足为奇。

为什么这么说呢？一方面，1918年—1933年的德国采用共和宪政政体，史称魏玛共和国（Weimarer Republic），恰恰在这个时候纳粹诞生了，而且通过不折不扣的民主选举选出了独裁者，这就等同于民主主义自杀了一样。所谓的民主主义保障了一般民众拥有"自杀（放弃权利）"这样一种绝对的自由。

另一方面，受社会基层所支持的经济活动，尽管"社会规范"会带来很大影响，但是现阶段全球范围内很多国家采用的是资本主义的模式。

即便在资本主义体制下，也并不是全部规则由市场原则来决定一切，某些部分还是在国家政府的管理下进行的，这也是比较普遍的现象。特别要提一下的是，以前可能有一些国家搞过"一律由国家来管理的计划经济体制"，现在可以说几乎不存在了（当然从日本的电视报道来看，朝鲜可能是一个例外）。

作为"人类社会的最终目标"而被人们所期待和憧憬的"共产主义体制下的计划经济"，在过去近一个世纪，在世界上的不少国家和地区实验过，客观地说，这个实验还没有成功。我认为，一个主要的原因是

"现阶段的人，如果没有外因刺激，不会自愿劳动"，其实可以归结于"人性的本质"的问题。

在中国大陆这个拥有十多亿人口的广大国土上，也试验过"计划经济"，尽管其中发生了曲折，但是中国领导人睿智地修正了"计划经济"的弊端，实行"有中国特色的社会主义经济"，短短几十年取得了有目共睹的历史成果。从本质上说，这正是在"人性的本质"基础上，"在可以获得成果的刺激下，激发人们去劳动、创造"。

那么，在政治上实行"民主主义"，在经济上实行"资本主义"的国家，是不是就一定一帆风顺呢？不是的！

"民主主义"和"资本主义"在许多地方是存在矛盾的，而且这些矛盾现在变得越来越大！

因此，一些有识之士一直在说："任何一种体制、制度都有很多缺陷、问题，由于所处环境、时代不同，可能也没有别的选择，所谓无奈下的选择。"

换一个说法，其实就是"如何克服民主主义存在的一些问题？""如何改善目前资本主义社会内部的一些巨大的差距？"类似这些在现代社会里存在的社会问题。

也正是这些问题的出现，暴露出资本主义的弊端。

而且，单就一些国家的发展趋势而言，我认为"这么下去是撑不住的"。以前总以为，只要"民主主义"和"资本主义"在，应该比较稳妥，现在看来，而且从世界规模来看，"民主主义"和"资本主义"也可能已经走到十字路口。

人工智能可以成为"AI 神"吗？

到此为止的四个伏笔

到目前为止，有可能对我们的将来产生巨大影响的伏笔，可以概括成"四种情况"。

☐ 人类一方面依赖于"神"，另一方面在"以'神'为借口的王权压迫下备受苦恼，总想跨出一步"。但是，从哲学角度去深究，现代人一直面对"'神'到底有没有也不清楚，不管如何，人天生就是自由的，自己必须决定一切"这么一个"非常严肃的命题"。而这个命题又给人类带来了"心神不安"，而且这种不安今后会越来越强烈。

☐ 现代人类社会大部分地区是在"民主主义"和"资本主义"所构筑的体制中生活至今（世界上确实还有一些国家和地区实行的不是西方式的民主主义或资本主义）。而"民主主义"和"资本主义"的矛盾也在当今体制中越来越突出，在这个有着缺陷的体制中能安居乐业到几时，现在也不好说。

☐ 人类所创造出的科学技术，从第一次工业革命（动能和机器）到第二次工业革命（信息产业），给人类社会的生活面貌带来了巨大的变化。特别是第二次产业革命正在朝下一个台阶飞跃发展，这便使得人类在整个生产体制中的存在意义变得越来越小，至少有这种可能性。

❑ 在人类到目前为止所创造发明的科学技术中，有可以一次杀死大批生命的凶恶武器，如核武器等。问题是，我认为人类自我管理能力没有得到本质提升，因此，现在人类在偶然中迸发自我灭亡的危机越来越明显。

有没有最后拯救人类的办法？

面对如此复杂的局面，能够从本质上解决问题而拯救人类的办法在哪里呢？

这里我就斗胆说，方法是有的！"随着人工智能到达技术奇点"的时候，"基于人工智能的AI神"就可以拯救人类！

反过来说，还有什么别的办法呢？如果有，请拿出来。

技术奇点的萌芽在上面的第三种情况中已经包含了，我认为这样有利于解决第二种和第四种情况，随之也可以关联解决第一种情况。

也有人认为"技术奇点永远也到达不了"，我本人不赞同这个说法。如果是这样的，人类的未来就只有绝望了。因此，我想必须奔着这个奇点努力且最后实现。

克服"民主主义"和"资本主义"的问题

现在来看看对第二种情况的解答。

民主主义最大的问题是民粹主义。

一些政策从长期看来是非常危险的，但是在某些场合下，一些破坏性的政策在给大众带来"眼前利益"的时候，在大众看来也是非常有魅力的。选民在这些"铿锵有力的言辞下"兴奋不已，政治家则获得了选票，得以当选，哪怕是一时性的政策。

因此，古希腊哲学家柏拉图认为："不能把政治交给一般民众，应该由一部分没有私利私欲的、具有深刻洞察力的哲人来把持政治！"大力标榜"哲人政治"。

但是，在现实中，哪里有这样高尚无比的哲人呢？我们不知道，也不确定。

在此，如果让AI来担任这个哲人的角色会怎样呢？AI没有私利私欲，也没有自我显示欲，并且，和活生生的政治家相比，也不必担心被暗杀。

AI可以拿出几种备选的政策方案，并且通过精密计算，用具体数字来说明几种政策方案实施后的短期和长期的预测结果。并且AI在计算时，已经考虑到各种各样的偶然事件的概率。如果个人挑战这样的预测，绝非易事。

另外，AI在政治上也是，可以充分考虑和分析到会给哪些人带来利益，给哪些人带来不利，并且根据各种人口的比例来得出"最大多数人的最大的幸福模型"。就这样，AI可以非常明了地提出一系列好的和坏的方面的比较，供大众来参考。

在经济活动中，可能就更简单了。经济模型本来就是数字和心理学的一种混合计算。而到达奇点后的AI在这两方面都可以说有高超的造诣，再加上游戏理论，AI更是如虎添翼，能够拿出非常有说服力的经济模型。

人类自我毁灭的可能性及回避方式

至此为止，我们说的是一个国家级的水平，如果不能发展到超越国界的全球性系统，还是有"半途而废"的可能。如果国界之间存在有形或无形的不可逾越的高墙，就不能成为全球性的系统级别，那么，"各个国家之间的对立""各个民族之间的对立""各个信仰之间的对立"等就无法彻底解决。前面说的第四种情况也无法解决。

就像"核不扩散条约""各国各自担保的核武器不使用政策""公平的核军备紧缩程序（最终目标是消除核武器）""基因技术制造病毒的规定"等，应该在联合国某机构的监督下委托给AI制定。为此，世界各国都要有"对于AI的能力有一定程度的信任，对于国内政治经济的运行，大概可以交由AI来操作也没有什么大问题"的统一认识。

并且，像联合国这样的国际机构，为了达成这样的目标，对各成员国应该明确规定"遵循这个规矩的激励和不遵循的处罚"，并作为一个"国际惯例"。

这个做法如果成功，反过来说也是第一次解决第四种情况，那么距离在第1章的末尾提出的"AI神来拯救人类"的乐观论（回答YES）就更近一步了。

但是，这绝非轻而易举的事，"由于突发事件引起人类灭亡"会不会比"AI神出现"来得更早，其实现在还真不好说。

关心科技信息的读者大概会注意到，已故著名物理学家史蒂芬·霍金教授不时发出警告，人类可能在一千年以内，甚至在一百年以内灭亡。

2017年霍金教授在谈到人工智能的时候这样评论：

"成功创造有效的人工智能，可能是人类文明史上最重大的事件，但也可能是最糟糕的。我们无法知道人类是否会得到人工智能的无限帮助，或者是被藐视、被边缘化，甚至被毁灭。"

同时，霍金教授也解释说："人工智能的创造者需要'采取最佳实践和有效的管理'。"笔者认为霍金教授赞成2017年欧洲进行的一些关于人工智能新规则的立法建议。

AI和"神"

那么，回头再来看看第一种情况的答案。这也许要比大家想的更容易一些，因为在到达技术奇点之后的时代，人类只需要迎来新的"神"，那就是"AI神"。

人类在远古时认为"神"可以主宰一切自然现象，但是随着科技进步，到了现代社会，人们基本上认为这些自然现象的发生和"之前所认为的'神'"已经没有太大关系。人们清楚只有科学才可以在某种程度上控制自然并利于人类。在当今世界还在向"神"祈求刮风下雨的人基本上已经没有了。

至于各种宗教对我们的教诲，对于现代人来说，主要是获得"心理上的平衡""心理安抚"。人们已经懂得以前宗教里的基于社会稳定和平相处的"生活规范"虽具有一定的作用，但是所在国家或地区的"法律"在当今社会仍然是至高无上的。

如果你问"人工智能会远远超出人的智商吗？"回答是YES。

如果你问"人工智能会是全知万能的吗？"回答则是 NO。

"我祈祷的东西能帮我实现吗？"在这一点上，我认为，"AI神"会远远胜过传统的"神"。其实如果一定要说"神"有用，那么"通过虔诚祈祷，让自己的心情得以慰藉，或让自己的潜在能力得以发挥。"其实好像是一种自我催眠效果，精通心理学的AI多少也能会一些。

带来内心平安的宗教和AI

那么，最后来说一下"内心平安"。

假设"AI神"成为人类新的"神"，我认为其实对于既存宗教的价值也没有什么贬低，只是在不同的维度共存而已。

AI这边也绝不会故意去敌视或否定那些已经被众人所信仰的"各种各样的神"。AI很聪明，没有必要引起不必要的混乱，AI认为那没有什么好处。

同时，既存宗教给信徒的教义内容，今后也可能会一点点地发生变化。无论是基督教也好，佛教也好，都可能会从"原理主义"向"精神主义"或"实践主义"偏移。

那么，到达技术奇点以后，人们比现在会更加去"想"与"思考"。对信仰深厚的人来说，"信仰本身"要远比"追求真理"更重要，而对哲学家来说则完全相反，"追求真理"是最重要的，为此哲学家会从"怀疑一切""自己去思考"出发去考虑问题。

这里再一次思考"心·心思"是什么呢？这里所说的"心·心思"不是在人们胸口时刻跳动的那个粉红色的小东西，而是人们的脑袋里的那些灰色的糨糊似的东西，在虔诚地向"神"祈祷的时候，在大脑里产生了化学反应，使得人们的内心得以平稳。或者，根据不同情况，也可能类似像释迦牟尼所感知到的"极乐世界的欢喜"。但是，我不认为只有"唯一的方法"才能达到这样的结果。①

人，最根本的天性是"自由"！在这之上还有"不安，恐惧"等。"不管任何情况，最终还是由自己来决定一切"必然导致如下担心："如果自己做出了错误的决定，那怎么办呢？"所以，人总是有不安的心理。

如果把一切交给"神"来决定，那么，人的不安心理就可以解消了，因为全能的"神"可以比自己做出更为正确的决定，对于人们来说，再也没有比交给"神"来做决定这样更好的决策了。这一点，人也是自我认可的。

但是，如果这样说，高度发达（到达技术奇点后）的人工智能也一样！AI肯定可以考虑各种各样的因素，比人类做出更正确的决定，这一点大家都可以认可，如果把一切交由"神"来处理，自己内心可以平安，那么把一切交给AI也一样的！

当然，有人一定会说："等等，你等等！这个AI不是人做出来的吗？"想到这，心理多少有些忐忑不安。但是在到达技术奇点后的AI，技术上已经完全可以脱离人类。

人类所能做的就是把"原则性的'意思'"植入AI，之后就可以由AI自发地工作，我想人类也不会感到特别的不安。

---

① 释迦牟尼的话语原封不动地记录在初期的经典《法句经》里面，对"极乐世界的欢喜"有诗文记载。中村元翻译成了日文，由岩波出版社出版，书名为《真理的词汇》。

　　“如何把AI培养成‘神’”“又如何去面对这个‘AI神’”，这两点对未来人类来说是至关重要的。其实这涉及“人存在的意义”这个命题了。我认为“人存在的意义”会在未来发生改变！而且人类在这个时间点上还无法预测。在本书的第4章，我要和大家一起思考这个命题。

第 3 章

所有的"人性的东西"

AI 和人的差异

AI会越来越接近人类，但最终和人类完全不是一类

在谈论起AI或"有头有脑，有手有脚"的机器人的时候，有人一定会说："无论是AI也好，是机器人也好，总归是人造出来的。我不知道什么技术奇点之类的东西，即便到达技术奇点，人造的东西也不可能和人处于同一个水平。"

确实如此，"无限地接近（人）"意味着"有一个不可能超越的"境界。

"AI当然和人是不一样的存在，因此才能体现其价值"，如果这么去思考，那么"AI和最后留下来的人的差别是什么呢""AI和最后应该留下来的人的差别又是什么呢"，这些问题值得透彻思考。

人到底是什么？在前面我们介绍过"人只是自然界中最为弱小的一根苇草而已，但却是能够思考的苇草""我思故我在"等哲学家的名言，如这些哲学家所说，人是会思考的动物！

但是，"思考"是什么呢？可以这样解释，"思考"是人脑具备的记忆内存和逻辑[①]推理系统的一种活动方式。有趣的是，AI可以复制这样的活动，之前也谈过AI的这种复制的效率非常高。

因此，AI或许不仅可以接触到人的本质——"哲学思考"，而且我认为AI在"哲学思考"上很快也会有所建树。

除"思考"以外，脑袋里所发生的事

人和AI不同的地方，我认为还在于"思考以外的事情"。

是人，总有"漂亮""舒适""美味""疼痛"这样的"感觉"，还有像"快乐""奇怪""痛苦""悲哀""生气""奇妙""可爱""可怕"这样"感性"的东西，这些都是逻辑和内存（记忆）混合作用的产物。

现实中，在谈到机器人和AI的时候，人们一定会说："机器人是没有感情的，机器人的判断是冷酷的，是不受感情左右的！"极端地说，如果说"人性的本质"集中在"灵魂"，那么"机器人是没有灵魂的"！

是的，"灵魂是什么"这确实是一个单刀直入的问题。"灵魂"不只包含了"感觉""感情"，还包含"意志""信念"等内涵。现在看来，"机器人、AI里面好像还没有这样的含义"。

有的说法认为，人一死，"灵魂"就从"肉体"上分离出去了，换一句话说就是，"肉体死了，灵魂还在"。当然，这个说法正确与否，现在没有谁知道。这是因为，现实中，活着的人一次还没有死过（死了

---

① 在IT领域里，常常会用到逻辑这样的词汇，这里的意思比较广义，是指"逻辑性的数字处理系统的总称"，除了1和0这样的"二值逻辑"处理以外，还包含"多值"处理系统。

的人再也没法活在世上）。

也许我们读过类似这样的诗词："有的人活着，他已经死了。有的人死了，他还活着！"诗人在用死和活这种看来矛盾的说法来比喻人的情操、道德，或对现实的一些观点等。我想诗人可能也在延伸"灵魂"和"肉体"的关系吧。

经常有人拿"临死体验"来说"有人看到过死后的世界如何如何"。我本人对这样的说法实在不敢恭维，因为科学上讲不通。

但是，我在本书前面的章节里确实提到过"如果把人脑放在培养液里面，持续供给氧气和营养，即便没有身体，人还可以一直活下去"。感觉好像和"从肉体分离出去的灵魂"有点像，但是我觉得从科学上看，也不是什么神秘学。

所谓的"临死体验"，应该和在特殊情况下发生的一种"幻觉"类似，虽然肉体活动暂时停止了，但是人脑"梦见"了一些东西而已。其实可以理解成被一些"伪信号"（和管辖我们的五官信号无关）刺激，促使"内存记忆和逻辑系统的活动"。因为有内存记忆的参与，所以会"梦见""生死界河的三途河（出自《金光明经》）""花草树木"甚至"已经过世的人的容貌"。

暧昧的"灵魂"分界线

我们在思考"灵魂到底是什么"的时候，有一点是不能忘掉的，那就是"人以外的动物有没有灵魂呢"。也许大多数人会说："人以外的动物是没有灵魂的，这也是人和其他动物本质的不同！"

某位学者说过这样的话："动物在进化过程中，当大脑的构造达到一定水平后，就宿有灵魂了。"我认为这种说法比较粗暴，但是如果说成"大脑在达到一定水平后所获得的功能，为了方便叫作'灵魂'"，我倒不是特别反对。

重要的是，如何界定大脑的功能到了"一定的水平"？（到了一定水平，经过质的飞跃后，就达到天和地的差别。）假如到一定的水平后，为了方便，即便叫作"灵魂"，其分界线到底是什么，还是比较暧昧的。

例如，拿"感觉"来说，任何动物都有"感觉"，并且和仅有的一点内存记忆和逻辑思维组合作用，产生了"意思"，并付诸行动。

猴子通过眼睛看到树上的果子，这时猴子通过记忆挖掘出一种"感觉（视觉）"，也就是"这种果子非常好吃（味觉）"，产生了"爬上树去摘果子"这一种行动的"意志"。还有老鼠看到猫头鹰就马上钻进洞穴里，羚羊看到狮子就奔跑这样的现象，虽可以单纯地说是"本能"，其实究其本质和前面猴子摘果子是一样的。

反之，有的人脑天生就有缺陷，或者由于后天的事故造成脑损伤而导致脑功能障碍或功能不健全等，即便是看同一个东西，有人会有"震撼灵魂"的感动，也有人会有"好漂亮啊"的感受，或者也有人什么感觉都没有，当然也有人有"厌烦"的心理。究其本质，我想这个问题，不是1和0的问题，也不是优和劣的问题，其实是"脑活动的复杂程度"和"这种活动（受到刺激的强弱程度）"的差异而已。因此，我不赞成轻易使用"灵魂"这样的词汇。

必要的"本质讨论"

我们再次回到"AI和人的差别"这个问题上。

先来想想这个问题："在到达技术奇点以后，AI所持有内存的记忆和逻辑，其覆盖范围和人类完全一样，而其综合能力凌驾于人类大脑的能力水平"。

另外，如果你认为"AI也可以模拟人的感觉"，那么AI和人类的差异就会变得非常小。

也许有人会这样想："AI和人的差异比想象的要小，但是毕竟还是有差异的。"但是，如果有人有期望，也不是不可以认为："AI和人几乎没有差别。"就这个问题，在这里先不急于得出结论，接下来慢慢思考这个问题。

就我本人的观点而言，之前也讲述过"从人的功能上来说，和将来的AI相比，本质上可以说没有什么差别"，但是就"你""我"这些个体本身来说，和AI的差异，在本质上是不一样的。

或许，大家会觉得非常难懂，其实这是从哲学的角度把"主观"和"客观"分离开的一种意见。后面的内容中会具体论述。

再进一步，有人会强调："只要是人在制造AI，那么一开始就应该使其和人本质不同。"如果把AI做成和人一样，那么AI是无法拯救人类的。

什么是"爱"？什么是"恨"？

人有各种各样的感情，以极其激烈的形式表现出来的要数"爱恨"了，也就是"爱"的感情和"恨"的感情。接下来先看看"爱"和

"恨"是怎么回事。

父母和孩子的爱，家族的爱，男女之间的爱

"爱"，如果用一句话来说，或许可以这么说："爱是为了对方而牺牲自己的一种心情。""爱"可能有各种各样的形式，在此不一一展开，只就"四种爱的形式"作讨论。

第一种：父母和孩子的爱。

第二种：男女之间的爱（恋爱）。

第三种：对祖国、故乡、同胞的爱，为了共同目的一起战斗的伙伴的连带感。

第四种：对旁人的同情心。

"父母和孩子的爱"，基本上是一种本能的东西，比较好理解。近年来变得比较有意思的是，人们认为女性比男性对自己的孩子的爱更加浓密。或许可以解释成由于小孩在母亲肚子里待过一段时间，母子之间有过一段密切接触的缘故，这在许多哺乳类动物中有类似倾向。

家族之间的爱是上述类型派生出来的。而兄弟间、姐妹间有深厚感情，与其说是血缘的连带，不如说是常年生活在一起的缘故，其实和后面的"同胞之间的爱"比较相近。

再看"男女之间的爱（恋爱）"（其他动物有不同的表现），本来可以说是由于为了"种的延续"而由"生殖本能（性欲）"派生出来的一种感情。

简单来说，如果换成其他动物，强壮的、力气大的雄性（或者被雌性许可的雄性）经过战斗达到"种的延续"的"生殖本能（性欲）"目

的，而输了的则快快离去。但是换成人，就会加入许多复杂的感情色彩，例如无数以恋爱为主题的小说、诗歌[①]。

"恋爱感情"到底是因何而起，在此无法简单分析出来。我认为基本上应该是基于"无意识的一种伴随性行为快乐的预感"这么一个事实，当然这不是很全面的。

还有一个重要的因素可能是对"别人的心"的一种好奇和控制欲望。大多数人在有了这种好奇和欲望后，越是得不到满足，其感情会变得越强烈。如果存在竞争对手，还可能变成"嫉妒心理"。有时候强烈的欲望和嫉妒心理还会融为一体，互相作用，愈发使其高涨。当然，还有一个重要的因素就是"温柔，温馨"，我们会在后面讲述。

作家阿尔伯特·加缪的以"无法理喻"为主题的小说《异邦人》里是这么描述的："爱就是'欲望''温馨'和'理性，理解'的混合物"。

归属意识，忠诚心，连带感

第三种是"对祖国、故乡、同胞的爱，为了共同的目的一起战斗的伙伴的连带感"的爱。人类会对"自己所属的群体"有一种强烈的感情，与其说是"爱"，不如说是"归属意识""忠诚心""连带感"更贴切一些。如果把"为了对方而牺牲自己的这种心情"定义成"爱"，确实这种心情才是真正的"爱"。

当一个群体和另外的群体竞争甚至战斗的时候，如果这个群体的成

[①] AI可以把世界上所有的恋爱小说、电影、诗歌等和恋爱主题相关的事物全部记住，抽出共同点并加以归类，便大致能够理解人类的恋爱是怎么回事。如果是这样的，或许AI可以写出感人的恋爱抒情小说。

员都有强烈的集体精神，每个成员都拥有"为了这个群体而牺牲自己"的气魄，这个群体就变得有利。

所以，自古以来，群体的领导者往往在这上面下功夫，例如激起人们的"民族热情""爱国热情"等，为此，本来只不过是"父母对孩子的爱"的扩大形式，有时候会凌驾于一切，而变得越发强烈。

"同一个故乡的""在同一条战壕里战斗过的"等都是体现强劲的"连带感（或叫一体感）"的重要因素，但光这点还不够，在此之上，还需要加上"思想信仰的一致"，而且这个"思想信仰的一致"是极为重要的。当然"信仰同一种宗教"无疑也是其中之一。

在中国的古代，人们用几个字来表达为人最重要的东西：仁、智、勇、信、义、忠、孝。下面让我们一起来看看这个几个字的含义。

"仁"意味着统治者对被统治者所持有的"人间的爱"和"宽容之心"，与之相对的"忠"则意味着下属对国家、君主所持有的"真心"，这里说的"对所属的群体的忠诚心和集体感"就相当于"忠"。

古代的中国人受孔孟之道的深刻影响，因此中国人对"忠孝""信义"等持有特别的感受。

慈爱，同情之心

第四种是"对旁人的同情之心"。这里的对象既不是父母孩子，也不是恋人，也不是属于同一群体的个体，也没有一致的思想信仰，唯一的一个共通点就是"一样都是人"。对素不相识的人有一种"同情之心"也就是"爱心"，这种"爱心"也被叫作"博爱"或"博爱之心"。如果说这是"至高无上的爱的形式"，我也只能点头认可。在基督教里最重视的"爱"，孔子认为最高的"仁"，还有佛教里面的"慈悲"，都和这种"博爱"很相近。

其实，不用说得这么烦琐，我想这种"博爱"在大家的心目中常常会自然而然地产生。

我们在看电影、电视节目、连续剧的时候，对于"在世界上遥远的地方生活的普通人或其行为"，不知为什么有时候会感动到流泪，我想不少人有过这样的经历。情节中那些"和自己毫不相干的人"的心和观众的心已经心心相印，这时候可以说有一种身临其境的"一体感"。对于社会上的弱势群体，人们不知不觉地产生一种同情的心理，总想帮帮这些人。

或许大家想法不完全一样，但是，这种心情大概才是真正的"无私的爱"。父母孩子之间的爱、男女之间的爱情，可以说是基于"爱的感情"的"原型"加上了更绚丽的色彩，实际上这些爱也是那么的绚丽美好。

由强烈憎恨所引起的两种感情

那么与"博爱"相反，"憎恨"又是什么样的呢？"憎恨"的代表，第一是"复仇之心"，第二是"愤怒之心"。

"复仇之心"是指对憎恨之人（有时候可能是自己深爱过的人）进行虐待、殴打，使之利益或名誉受到损害，甚至杀人这样一种"恨之入骨"的心情。其实这只不过是爱的反面而已，俗话说，"爱之深，恨之切"也是这样的一种心情的反映。古往今来，这样的心情都是人的一种自然的感情，但有的人有时候确实难以控制。

　　但是，问题是，"复仇的对象，不仅停留于本人，有时候还会殃及其子孙后代"，于是受到损害的人又开始新的复仇，冤冤相报，永无止境，这就是憎恨的连锁反应。

　　那么"憎恨的源泉"又是什么呢？简单地说，可以是"对不公正（做法）的愤怒"。世界上，各种各样的"不公正、不公平"的事情非常多，人们看到这些"不公正、不公平"而被激起"愤怒"也是非常自然的，久而久之，这种"愤怒"会发展成"憎恨"，进而在某些场合下容易爆发成"暴力行为"或"暴动"。

　　但是，平息这种"愤怒"也是有方法的。那就是，纠正那些人们认为的"不公正、不公平"。如果纠正了，人们的"愤怒"也就消了；如果社会上没有什么"不公正、不公平"，那么也很难引起"愤怒"了。

爱憎产生了"革命"和"全体主义"

　　当人们感觉到世上到处都是"不公正、不公平"的时候，会怎样呢？当然是想纠正这些"不公正、不公平"。但是，大多数情况下，不是那么容易成功的。因为整个社会系统可能在某些条件下支撑着这种"不公"，除非改变或替换这个社会系统。

　　"革命"就是这样产生的。当然这时处于社会系统顶层的当权者必定会用手里掌握的军队、警察等"暴力机构"①对"革命"加以镇压，继而变成激烈的战斗。而战斗过程中的伙伴们则拥有强烈的"感情"，这就是"连带感""一体感"这样的"爱"的另一种表现形式。

──────────

① 这里说的"暴力机构"是指政治学、社会学中的"国家的物理强制能力"，通常也叫"治安部门""执法部门"。

通常，许多人在和共同的敌人战斗时，必须做到"集体利益高于个人利益"，否则是无法和强大的敌人抗衡到底的。

这时就产生了"全体主义"或叫"集体主义"。历史上诸多民族主义革命的结果是打倒了旧政权，产生了新的更有领导力的政权。如果领导集体采用一盘散沙式的、"民主式"的、"各想各的"的决策方式，我认为革命是不可能成功的。

有时候，"集体主义"不一定是在革命过程中产生的。例如，当国家受到外来强敌的入侵威胁的时候，全国人民通常会团结起来一致对外。在日本明治维新后，常常受到欧美各国和北方俄国的威胁，当时的政府就常常以"团结在天皇下的国民"为口号宣传教育国民。

在第一次世界大战后的国际恐慌期，日本军国主义又以"满蒙乃日本生命线"为口号煽动国民，使日本迅速走向膨胀主义。结果就是入侵他国，继而和英国、美国对抗。一般来说，对手越是强大，内部就更需要团结一致，"集体主义"也得以强化。

就这样，在第二次世界大战后期，战争白热化的时候，所有的日本国民都被要求有"爱国心"，也就是"为了国家，可以牺牲自己的一切，乃至生命"，一旦出现一些反对的言论，就会立即遭受周围人们的白眼。本来"爱国心"是人类自然所持有的一种"爱"的形式，在某个时段，由于国家的政策、导向等原因，"爱国心"凌驾于所有其他的"爱心"之上。

AI如何处理爱憎

人的情感中比较激烈的"爱憎"，我们就描述到这里。AI本来是不具备"爱憎"这样的"感情"元素的,但是,AI可以学会"人在什么场合会有'爱憎'的情感"这种机制。如果AI"更接近人类",应该完全可以模仿得非常接近的。

如果这是真的,AI将和人类一样拥有爱或恨。或许你认为这是不太可能的事。但是,如果真的变成这样,那么会像希腊神话悲喜剧中那样"人类被神的爱憎所左右",作为人,一定不太希望这样吧。

我们人类所希望的最多也只是AI能够理解人的爱憎罢了。这样AI就可以在理解人类感情的基础上为人类服务,人自然也会感到非常舒心。

当然,AI非常聪明,会从各种各样的因素中求得最佳方案。例如,如果让AI来当法官,我想AI不会非常冷酷地下达判决,而是在适当的范围内"酌情考虑"后再判定。如果在体育大赛的场合,也会考虑到"爱国热情""乡土之情""集体主义"等因素后,给予鼓劲加油。

驱动人类的"欲望"

你每天都在做各种各样的事,每天都有各种行动——吃饭、睡觉、开会、旅行、购物等,那么为什么你会做这些事,有这样的行为呢?这其实是一个极为重要的哲学题目。作为答案,大概有两种。

人类真的自由吗?

第一种可能的答案是,"这么做是事先被决定的,我就是这样的命运，不得不这么做"，这种想法其实就是"这是神的意志"，也有人称作"事先调和论"。

与此相对，则是另一种说法："不对，不对，没有谁来决定你的命运。你是自由的，任何事情都得由你自己来决定。（你就是'现在的原封不动的你'！不是什么别的，而是'原封不动的你'来决定现在做什么）。"这是现实存在主义立场的想法，而当今非常流行的"阿德勒心理学"基本上也是这种论调。

但是，这种说法的角度不同，其实结果是不一样的。说是自由的，那么"是不是什么都可以做呢？"其实这也只是一种笼统的说法而已。因为之前的说法包含一些"必然""当然"语气，所以有必要否定一下，以制衡其绝对性。

虽然说自由，但我们毕竟还是人，既无法像天使一样插上翅膀自由飞翔，也无法像猫一样能看到紫外线。如果人被锁在房间里面，不能变成蜜蜂飞出来，几顿不吃饭，就会饿得慌。

是人，就有"去这么做"的"意志"。因此，有的人会疯狂地砸烂周围的东西，有的人会独自苦思冥想，试图明辨是非。

也许有人会反驳："不，这种'意志'只不过是此人基于以往各种体验的积累，几乎自发产生的反应而已，其实结果是早就注定了的。"若必须这么说，也不是不可以，即便如此，"此人在那个时刻是由其自己的意志决定去做什么的"，这是无法否定的事实。

那么，AI能否也拥有"AI自由的自我意志"呢？我认为这是在理解AI时最为重要的关键所在，我的结论平淡的很，就是：AI没有这样的"自由"，这也是AI与人类的最根本差别。

AI的"意志"是一开始由人类基于"基本理念"而创造出来的，是人类做成这样的AI的，如果这种"基本理念"有缺陷，AI是无法拯救人类的，也许就像霍金博士说的，会提早灭绝人类。

构成现实世界的各种各样的欲望

到目前为止，我们只讲述了一些"可能性"，接下来一起看看"现实"。

早上，你一睁眼，就会下意识地去看钟表，以此来判断你是立刻起床，还是再睡一会儿。有时候，你尽管很困，但是不想上班迟到，基于这个判断，你会马上起床，然后洗脸、刷牙、上厕所。即使不是很饿，但是考虑到早上空腹对身体不好，你还是会吃一点东西。其实这些行动不受什么特别的欲望驱动，你的判断也非常简单，很少举棋不定。

但是，人不是每天都这么平平稳稳过日子的，人们有时候会被体内强烈的欲望驱动，而做出一些令人惊讶的事情来。

究其源泉，就是人天生的"欲望"。人有食欲、色欲、控制欲、自我表现欲等（而企业家的宏伟志向和工薪阶层的升职欲望，大概就是控制欲和自我表现欲的混合物罢了）。

为此，许多宗教说，"人天生带来的'欲望'剥夺了自由，把人从'本来的人'变成了'不同的人'（所以要扔掉'欲望'）"。

但是，真的是这样吗？有人反驳说："正是由于有欲望，这才是'原本自由的人'。"

食欲，色欲，物欲

下面具体看看"欲望"。

现代人生活在不愁吃不愁穿的年代，有食欲是健康的一个指标，而且大家还都想吃好的。吃，在现代社会里应该已经不是什么问题了。

但是，在以前，为了满足食欲，人们不得不保护自己的狩猎场等领地，为此互相杀戮。食欲不旺盛的种族则可能早就绝灭了。

那么，"色欲（性欲）"又如何呢？在这一点上，古今没有什么大的变化，即使在现代社会，由"色欲"而引起的杀人事件也时常发生。

前面说过，"恋爱感情"这个东西，原先是由"性欲"引起的，在这个基础上混入了其他要素，而变得相当复杂。即便是现在，许多人在其一生中对"恋爱感情"倾注了大量的精力，这确实也是人生的一件大事。

当"恋爱感情"到达顶点时，不少人会认为这是"世界上最宝贵的东西"，于是时常发生"为情而死"的事情。人们把这种行为称作"恋爱至上主义"。

在日本明治时代，一位叫藤村操的秀才留下了"这个世界'不可解释'，吾为此烦恼至极，决定离开这个尘世"这样的遗书，并在断崖绝壁上削木刻字，最终从日光的华严瀑布上跳下自杀。当时，日本刚刚从西方开始学习"哲学"，还无法理解许多哲学的深意，故对这起自杀事件反应强烈，甚至有人说："日本终于出现了年轻的天才哲学家。"后来发现，"实际上，藤村操是暗恋上了一位姑娘，而当藤村操知道这位姑娘已经订婚时，他绝望之极"，这才是藤村操自杀的真正原因，其实就是"为情而死"。

还有"物欲",这也是不能轻视的欲望。

人,除了吃喝拉撒睡以外,还时不时地满足一下性欲,但是其实不是这么简单的。人是在各种各样的欲望驱动下生活着的动物。穿得好看、炫耀自己、喜欢美好的东西、令人羡慕、让人服从、喜欢控制等各种欲望真的是永无止境。

从远古时代起,人类生活的社会里,大多数欲望(包括性欲在内)是可以用物(钱)来换到的。因此,"物欲"作为这些欲望的汇集物,在人们的心中占有很大比例,也是人们喜怒哀乐的原因之一。

但是,我们不能单纯地考虑人的欲望,如果不能深刻观察人的欲望的复杂关系,就容易引起许多误判。

意识下的世界

但是,各种各样的"内在的欲望"不一定表现出来。许多事压在"潜意识"中,不少人因为这样的"压抑"而患精神方面的疾病,这种说法得到许多学者、医生的认同。

19世纪末到20世纪中叶的奥地利人西格蒙德·弗洛伊德在治疗癫痫病患者的过程中发现,"所有患者在幼年期都得不到性满足"。弗洛伊德通过"让患者自己说出他们的体验"的治疗方法(催眠宣泄治疗法)取得了很好的治疗效果。之后,弗洛伊德开创了"精神分析"这门心理学上的新学科。

应该说,弗洛伊德在当时受到物理学热门的"能量守恒定律"的强烈影响,并把它引入了心理学学说。弗洛伊德认为:"人的所有行动是由'性欲'这种'被压抑的能量'所驱动的。"弗洛伊德一直坚持这样的"稍微极端的学说"，为此树敌不少，最后被孤立于学术界。

但是，弗洛伊德这种不拘泥于常识并提出新想法、新思维的姿态，几乎可以和哥白尼、达尔文相提并论，也得到后人的高度评价。萨尔瓦多·达利等一些超现实主义画家也曾留下过追寻弗洛伊德学说理论的踪迹。

这里，我们在思考"AI和人的差异"的时候，有必要沿着弗洛伊德的功绩摸索下去。

弗洛伊德认为"人'意识到的'只是冰山一角，在水面下隐藏着庞大的'无意识'的领域"。他在《梦的判断》这本著作中说道："解梦（即对梦的解释）是搞清楚无意识活动的最佳途径""梦是现实的投影，现实是梦的投影"。

之所以弗洛伊德开始重视"无意识"这个领域，是因为他在实施催眠疗法的过程中曾碰到患者说："事后想来，我自己都无法理解为什么会去做那样的事。"弗洛伊德由此受到很大启发。

人可以用"催眠法"驱动他人行动，而受到催眠的人则不以自己的主观意识而行动。有论文讲述到"AI机器人即便没有自我意识，如果事先给它们植入某种'意识'，它们也会进行各种各样的自主行动"，这就有现实性了。

"意志"是如何产生的？

人，除了睡觉以外，一直是有意识的，类似脑袋里不时出现的语句一样的东西。这些"语句一样"的东西大多只是片段，有时候也会出现有完整意思的语句，如人在"思考问题"的时候。人的身体也是一样的，有目的清晰的活动，也有不由自主的活动，像眨眼、挠头、拌脚等，这些都是无意识下的动作。

也就是说，人的头、身体，经常在活动或休息，或者说处于这二者的中间状态。而大多数真正的活动是由人的"意志"介入的。

"意志"的几种范例

现在，假设一位女子短跑选手马上要参加重大比赛，我们来追踪她的大脑在一分钟内的活动。

在起跑之前，她的大脑可能什么也没想，发令枪一响，她就像弹簧一样自动奔跑。在奔跑的过程中，她的大脑可能什么也没有想，可以用"忘我"来描述这样的场合，即便忘我，跑道周围的一些景观还是会映入她的眼中，肌肤也能感觉到呼呼的风，如果这是200米短跑，这个过程大概有20秒左右的时间吧。

到达终点后，她的大脑里会闪现这样的思维："会不会赢啊""这次发挥不好""不知道跑了几秒"等，这时候或许有人过来拥抱她，或许有人会在她耳边说："不错！""厉害！"而她也只是一边喘气一边回答"谢谢，谢谢。"，之后马上就会想到"教练会不会满意"，这些片段思维大概也只有4~5秒的时间。

但是，稍后比赛成绩出来了，当她知道自己的成绩不够理想时，脑袋里会浮现出各种各样的想法。"到底是哪里出了问题呢？是起跑？还是中程？抑或是冲刺？"她一边想，一边否定，这个过程大概也不到10秒时间吧。

接着就是找教练，如果看到"教练正在和别人说话，而且脸上没有任何表情"，她立刻会感觉到忐忑不安，担心教练这次会不会责骂，大脑中也可能会闪过教练会责骂什么内容等。

接着，马上就会感到口渴，想立刻补充水分，于是拿着水壶，走向教练。这段时间大概也不到10秒。

在这段时间内，通过"她自己的意识"，她决定了两件事，仅两件而已。第一件是在她听到成绩时的纠结，第二件是她拿着水壶走向教练。

实际上，在随后几天里，她会有各种各样的烦恼。教练会对她指出"那天赛跑时的三个问题"，还会加上："如果这样下去就没救了。必须从根本上改变练习方法，如果还不能刷新成绩，会沦落为二流选手。"

教练拿出了新的练习方案，和之前相比，严格了不少，她不知道能不能承受这样残酷的训练。她很烦恼，打电话给父母，父母鼓励她："尽力就好，也不能超出自己可以承受的范围。"就这样，在一段时间内，她还是感觉非常郁闷，因为今后一切还是由她自己决定一切。

最后，她还接受了教练的培训方案。至此从根本上改变了自己每天的生活，有时候她会问自己："我为什么要这样做呢？我值得去这么做吗？"想来想去，最后也没有什么满意的答案，反正就是下定决心要争当"一流选手"。就这样，在这种"强烈的意志下"，每天不断练习，也从根本上改变了之前的方式方法。

AI应该持有的意志

那么，AI或搭载AI的机器人会不会在什么时候持有"意志"了呢？

对于这个问题，回答当然是YES！如果不让AI或机器人持有"意志"，人们就得一行一行地输入命令，这怎么可以叫作AI呢？

再回到刚才的短跑选手的话题，她跑完后做了两个决定："了解自己的成绩"和"先喝点水，然后去教练那里"。这确实是她的自我意志决定的，但是，这样的决定，其实AI也可以做出。

"在跑完之后，问问成绩"，其实她的大脑早已形成习惯，AI只要稍加学习，即可做到。"教练可能说话时间比较长，我要先补充点水分"，这是基于一种逻辑判断而得出的结论。基于一定逻辑上的判断，那么AI也可以轻而易举地做到。

但是，之后的几天内，她经历了各种烦恼后所做的"意志决定"，AI就不是那么容易模仿了。

首先，她其实在思考自己的人生规划。AI应该能够做到分配今后的时间，也就是资源的分配问题。那么，AI又如何自我学习，进行判断呢？

人，只要有一点（哪怕很小的）刺激，就可能引起心理动摇。人们认为：AI不同，"一旦决定了，就不会再摇摆不定"，但这只是技术奇点到达之前的观点。

"根据实际情况，回到起点，毫不犹豫地改变方向"，这是某些优秀领导所具备的品质。AI其实和这些优秀领导一样，或者说超出这些领导，通过不断自我学习，达到一定的水平，但是首先这需要人思考，然后对AI进行改造和拼装。

为此，我们非常有必要深入研究"人的意志决策过程"，在这之上，深刻考虑什么是"好的意志决定"，什么是"坏的意志决定"，那么非常明显，这已经不是单纯的"工程问题"或"工科问题"，而是不折不扣的"哲学问题"。

自古以来，人们常常用"智""情""意"来评估人。所谓的"智"，就是知识和逻辑思维能力；所谓的"情"就是对人的情感的理解和自己所持有的情感；所谓的"意"就是意志的资质。今后在评估AI的时候，也应该用类似的尺度来评估。

"正义"的"价值观"与"信念"

中国人可以非常巧妙地用一个汉字来表达一个概念，并且喜欢用三个汉字来概括一定的价值观（可能是三个字连在一起念比较有气势的缘故吧），像前一节介绍的"智、情、意"以外，还有"真、善、美"等。

真、善、美

"真"即真理，也是科学和哲学研究的目标。

明白真理并且能够讲述真理的人，当然会受到人们的尊敬。甘地所说的"神不是真理，真理才是神""真理位于宗教之上"等都是划时代的名言。因为如果没有这样的思维，人类就无法摆脱宗教对立而引起的悲剧。

"美"是一种主观的东西，许多人，特别是在相同环境下生活过的人们，往往拥有相同或相似的审美意识。

至于"善",下面仔细分析一下。

"真"的对立面就是"假""谎言""幻想"等,其实没有位于"真"和"假"中间的东西,也就是说要么是1,要么是0。"美"的对立面应该是"丑",但是许多的东西既不美,也不丑,处于"一般"的位置。

"善"的对立面是"恶",但是许多东西处于"一般"的位置,在这一点上,和"美"的情况类似。在现实世界中,"恶"要比"丑"更引人注目。当某个人到达被叫作"好人"还是"坏人"的程度时,或许叫"好人"的少,而叫"坏人"的比较多。

"丑",人们不去管它,也就无所谓了,而"恶"往往是有力量、权力的,因此必须打倒它。但是,绝对不是那么容易的事情,在某些宗教中宣称要想完全打倒"恶",必须等到"最后的审判"才行。

比较麻烦的事情是,"好人"的心中也有"恶"的因素,恶人的心中也有"好"的萌芽。

据此可以看出有神的宗教的问题:"神不仅是唯一的,而且是万能的,那么为什么不来拯救我们这些受苦的人呢?为什么还让'恶'在世上横行呢?"面对信徒这样切实的问题,很多时候其实是无法回答的。

当然也有人会这么说:"神在考验你啊!""好人会去天堂,恶人会去地狱,现在这个苦难的世界不是什么大问题。"但是,这毕竟是非常牵强的说明。

在波斯大地上诞生过拜火教,后来成为波斯各王朝的国教。拜火教有简明扼要的"善恶二元论"的说法。

在拜火教里,有阿夫拉·马自达及其率领的善神群,还有大魔王安拉·马恩余及其率领的恶神群,在这个世界上互相对抗着。

"人类和这个世界，原先是由阿夫拉·马自达所创造的，那么自然是'好的'，因此人类就会这么想：'人生只是一场游戏而已'，应该好好享受。但是，有时候，当恶神群占据优势时，世界上就充满了邪恶，人们也不得不承受。"不得不说，这是有一定说服力的教义，就因为至高神或善神群一时失势，这个世界进入了低谷（苦难时期），如果这么解释，许多人或许会点头。

"正义（善）"和"法"

那么，在现代社会中以什么来定义"善"，又以什么来定义"恶"呢？这个问题并不是这么简单的。首先，"善"的定义本身不是很明确，在应用的时候，其中夹杂了诸多的语气，因此，作为"恶"的反义词，更常用的是"正义"，这比较好理解。

日本明治维新时代，哲学家西田几太郎有一部著作叫《善的研究》。作者本来想以《纯粹经验和实在》为书名出版的，但是出版社为了销路把书名改成了《善的研究》。在这本书里面，西田几太郎试图把当时世界上的主流哲学学说之一的多伊尔的"观念论"和马克思的"唯物论"相结合，主张"基于纯粹经验的主观与客观论的结合"。但是从现在的观点来看，这样的想法还是很勉强的。

之所以人们能够区分"敌人"和"朋友"，是因为长年累月的进化过程中积累在DNA里面的"生存本能"发挥了作用，那么人们又是根据什么来区分"正义（善）"和"邪恶"的呢？

有一种想法是，还是用生存本能来解释。

如果没有"正义（善）"和"邪恶"的区别，那么会出现"由暴力来决定一切"的现象，结果就是，社会动荡，互相争斗，互相杀戮。如果想用大家都支持的方式方法来抑制暴力，就必须要有一种准则，如果这种准则是"正义""法律"，那么大多数人会认可。换句话说，"法律"就是"正义"的具体化形式，是人们为了消灭"邪恶"而想出来的"暴力以外的一个准则"。

所以，现在我们先避开讨论那些争论许久没有结果的"神学争论"，可以把"正义"先定义为（即使稍有牵强）："符合法律的东西是正义的"，相反的定义是"不符合法律的东西是非正义的"，那么这也许是一条捷径——我们尽管不知道"正义在哪里"，但是法律范围内是确实存在的概念。

"法"的诞生和复杂化

就这样，在人类群居生活中，最早认识到"法"的重要性的是制定世界上最古老的法典《乌尔那木法典》的苏美尔人，和因"以眼还眼"而著名的制定《汉穆拉比法典》的巴比伦人，而最早把价值观体系化的则是中国秦朝的韩非子等人。

但是，如果法律太复杂，一般老百姓就很难懂，这中间当然会出现"这条法律在某种环境下和现实不符""反而被坏人利用而助长不正之风"。

这样就会使得本来很好的法律变成"恶法"，本来非常严肃的"法就是正义"的定义被全盘否定，还会出现无法无天的"英雄"级人物。

当一个政治体制走到末期，往往会出现各种武装势力的争斗，而武装势力的领导为了获取民心，常常会用通俗易懂的"正义"和简明扼要的"法律"来号召将士和百姓。

举个有名的例子，中国汉代的汉高祖的"约法三章"（司马迁的《史记·高祖本纪》中记载道：与父老约法三章耳；杀人者死，伤人及盗抵罪。）就是把大秦帝国的一大堆难懂的严苛律法用通俗的语言讲述给老百姓，并约法三章加以宣传，博得了人们的拥护。

后世的许多将领也都借鉴了这一点。例如，战乱年代，在新的占领地，某将领贴出告示（"杀人者死罪""偷盗者死罪""强奸者死罪"）且严格执行而受到了人们的欢迎，这样的传说有很多。

这样的约法三章告诉所有人要遵守"生存权""财产权"和"女性的尊严"，其实就是告诉了人们"正义的象征"，而不是啰哩地讲一些老百姓听不懂的法律术语。

"伦理"和"道德"

尽管刚才我们稍微有点牵强地定义了"正义就是法"并开始了讨论，但是，在制定"法律"的时候，作为其理论根据，必定要问问"什么是正义"这个问题。

能够作为法律的理论武装的就该是"伦理""道德"概念了。所谓的"伦理""道德"，主要是讲"什么样的活法，对人来说是正确的（善良的）活法"。儒家把"伦理""道德"当作基本教义，同样，在基督教、伊斯兰教、印度教和佛教里面，"伦理""道德"也是其重要的组成部分。

但是，历史上也出现过相反的情况，当权者为了把手中的权力正当化，往往用"伦理""道德"这些"神来决定的事情"作为托词，也就是把权力的转移当作是神的委托。例如中世纪欧洲的 "王权神授说"。

与此相对，立志于打倒 "王权" 的革命家喊出了所谓的 "人权（本来就是对抗王权的概念）" 以此来谋求权利，这就是 "天赋人权说"。

但是，并不是所有人都依赖于 "神的意志" 的，有一种说法是："人天生带有一种 '理念'，人就是根据这个理念而行动的，人类原本就是这样的"。

这就是 "伦理学" 的基础，活跃在18世纪的德国哲学泰斗伊曼努尔·康德在他的《实践理性批判》一书中就全面阐述了这个问题。

康德的著作包括 "三大批判书"。就 "克制欲望的道德" 问题做出深刻思考的《实践理性批判》，其实是第二部批判性著作。被广为传播而成为哲学基础的则是阐述了 "认知" 问题的第一部批判性著作——《纯粹理性批判》。他的第三部批判性著作为《判断力批判》。

顺便说一下，在日本明治维新后期，日本人开始积极学习德国文化，许多学生都把读懂难以理解的康德的哲学书作为目标（我认为没有一个学生真正实现了这样的目标）。

尽管康德的哲学思维和现代的实际存在主义哲学有些不同，但即便现在许多人仍在潜意识中信奉康德的思维。读一读康德的书对现代人来说非常有意义。

超越 "相对性" 的 "价值观" 和 "信念" 的追求

即便基于这个事实："大多数人的批判，基本上应该收敛到同一个地方"，对 "何为善（正确），何为恶（错误）" 的判断，我们也不得不认为事情只是 "相对的"，而不是 "绝对的"。如果我们也这么定义人的价值观，后面的论述就比较容易了。

当然，也有一些无论如何也无法跨越的"价值观差异"，例如目前世界上存在着"神学争论"和深刻的"信念冲突"或"文明冲突"。

这种冲突若置之不理，它会演变成人类内部自我灭亡的推动力。现在已经出现这样的兆头，这是人类社会不得不忧虑的事情。

这成为在思考未来AI该持有什么样的"道德观（伦理观）"之时的一个重要课题。如果世界上的AI没有一个"统一的道德观（价值观）"，未来，不同的研发人员开发的不同的AI之间可能会发生残酷的代理战争。

或许稍微讲得早了一点，我们可以先不详细确定"应该给AI植入什么样的道德观（伦理观）"，而是学习一下古人的"约法三章"的智慧，只植入一些毫无争议的原则性东西，这或许是比较开明的。之后，人类不用具体介入很多，AI自己可以通过自我学习加以完善。

在之前的内容中，我用了"信念"这个词汇，我觉得应该把它定义为"拥有强烈价值观"，与此同时，把用来表达人的本质的词汇定义为"人格"。我认为"不同人的'人格'就是他所拥有的'价值观'"。

"信念"拥有巨大的力量，可以把"几乎不可能的事变成可能"！但是值得注意的是，这和非常流行的"唯物论"观点是唱反调的。但是，"真理往往掌握在少数人手里""人类的历史是由少数人的强烈信念而缔造的"，这么看来，事实上也许比较接近。

未来在思考AI的问题的时候，当然必须非常重视这种"信念"。如果未来的AI没有强烈的"信念"，就会在"价值观"上摇摆不定，依赖AI的人类社会就会极其不稳定。因此，AI应该拥有什么样的"信念"，这是非常重要的课题。

再度思考 "价值观"

在进入下一个话题之前，我们先思考一下前面提到的 "每个人所持有的价值观" 这个问题。

各人的 "价值观（关心）" 是由大脑所决定的

我们仔细思考一下就会发现，人们每天所感受到的或者所思考的，其实都是带有 "价值观" 色彩的。

就拿足球来说，对足球比赛不感兴趣的人，电视上无论多么精彩的比赛场面对他们来说都是毫无意义的。他甚至会认为如果屏幕上出现几个几何方块，或许还有看看的价值。如果这时候听到邻居在为足球比赛欢呼，对这个非球迷来说，就好像隔壁疯了一般。

人，通过眼睛看到的，通过耳朵听到的各种各样的信息，都会在大脑中加以分类。对于不感兴趣的东西，根本不会有意识地看或想。相反，如果看到感兴趣的电视画面，眼睛就会盯住，甚至连呼吸也会憋住。

想象一下，如果你到国外去，在素不相识的外国人组织的派对上，听到的都是一些外语，你一定会感到很无聊，这时候，突然听到了你熟悉的母语，你的耳朵会突然竖起来，这就是一种耳目一新的感觉，对方的（母语说的）话，你全部听懂了。

要是仔细想一下，还真有点不可思议。你的耳朵的鼓膜所捕捉到的只是 "空气的振动"，这是由周围几十号人说话混合而引起的振动，大部分是你听不懂的外语，但是在这中间，其实混杂了"远处说的你熟悉的母语"，当然也只是构成"周围空气振动的一部分"，即便这样，你的大脑只提取出你熟悉的母语，瞬间就把别的外语当作杂音屏蔽掉，这可以说简直神了！

你的大脑在收到信息后，会瞬间在庞大的记忆中匹配和结合，如果碰到你关心的东西，就会立刻受到关注，而忽略别的信息。"关心"是由"价值观"而产生的，也可以这么说："你的大脑其实一直在侍奉着你的价值观"。

每个人所持有的"价值观"，其实也是此人"想成为正向（好的）趣味的一种愿景"，有时候成为"理论"，有时候变成"感情"。

"价值观"的分裂是无法避免的

假如某个人因为受伤而坐上轮椅，他会感受到各种各样的不方便，这时别人帮助他搬东西，推他上坡等，他会感激万分。那么今后他即便不再坐轮椅，"要对坐轮椅的人好一点"这样的想法，在他的价值观中的权重会比一般人大。

另外这个人会对那些不尊重残障人士的人格外憎恨，对高低不平的建筑物不高兴，还可能对残疾人奥运会非常感兴趣，如果在街头见到坐轮椅的人，估计会揣摩自己能否帮助做点什么。

当然，各人所持有的"价值观"可以说原封不动地反映了此人的政治/经济立场。而且人与人之间的"价值观"也不一样，在围绕各种不同的政治立场、经济地位上，人们会激烈争论，甚至对立。

世界上大多数国家、地区在经济政策的选择上相差不大，但是在政治的选择上，由于极大地依赖价值观，具体差异还是非常明显的。

在日本，目前还看不出特别大的对立，但是在美国，随着特朗普总统的上任，各种人群的价值观得到极端反映，美国国内引起了一定的社会动荡，至于还会出现什么样的动荡，值得我们关注。

像"人道主义""尊重妇女权利""保护环境""尊重多样性""言论自由""尊重社会弱势群体和少数群体"等这样的价值观，基本上在世界范围内慢慢得以普及和认可。这也是许多人常年不懈努力的结果，而世界上认同这些价值观的人也越来越多。

遗憾的是，特别是在美国，近些年这些价值观反而出现了很大的摇摆。

或许是"造成中东混乱的难民问题""同一国家内部国民之间的贫富差距扩大""反对党政治力量减弱"等因素混杂在一起而引起了这些普世价值观在美国这样的发达国家的摇摆。而煽动这些动荡的人们，或许心里就是这么认为的："我们一直不认同那些伪善的价值观，只不过之前不说而已，现在我们也不管这么多了，说出我们想说的，做到我们想做的。"

然而，"对立的价值观"很难调和，很可能日趋尖锐化，一开始，表面差异还不是那么大，但是，随着两派不同价值观的日益对立，不知不觉中将变得水火不容。

如果这种"价值观的绝缘"在不同国家之间发生，那是非常危险的，小则可能发生摩擦，大则可能走向战争。

本来双方应该互相理解，求同存异，减少隔阂。但是令人遗憾的是，人，常常是感性优先于理性，很难调和。另外，越是对外部强硬，越是容易得到国民大众和媒体的青睐，更加让对立关系升级而难以调和。

"意识"是"价值观"的镜子

既然这里讲到了"价值观"，那么也有必要讲讲个人在各种时期持有的"意识"和"价值观"的关系。二者的关系应该是非常紧密的，可以通过几个事例来思考。

需要注意的是，一旦一个人确立了"价值观"，不仅会影响到"思考""感情"这些"高水平的意识"，还会涉及人的"最原始的意识"，如感觉的"冷，热"，嗅觉的"臭，香"等。

假设绝望的战场上，在一位不幸受伤的士兵坚信这场战争是"圣战"，而且他被强制送上战场的情况下，他对伤口的疼痛感觉应该是大不一样的。前者有坚强的信念，尽管负伤，但是有一种"视死如归"的自豪感，而后者则绝望透顶，一定会感到疼痛难忍。

如此这般，"意识"在任何场合下都和"价值观"有着密切的联系，甚至可以说，某人持有的"价值观"会时常全面覆盖其意识范围。

以此类推，既没有"感觉"也没有"感情"的AI，如果带有"意识"，那么它带有的"意识"也就是其全部"价值观"了。

主观和客观的意识

例如，AI进入普通家庭的时候，对于整个家庭来说，"意识"就是非常重要的一个因素。先来看看具体定义。

何为"意识"？

就普通人来说，"自己的感觉、思考"也就是把"大脑的活动"当作"自己可控的行为"来认识的，这就是"有意识"的状态，反之，则是"无意识"。

但是，人的状态也不是都可以用"有意识"或"无意识"来描述的，意识的强度也有很大区别。也许大家都会有过这样的感受："有意识，但是昏昏沉沉的"或者"拥有强烈的意识，快要爆发了"。

动物也有意识。当主人回到家的时候，小狗就会使劲摇着尾巴迎接主人，小猫也会去磨蹭主人，如果它们没有意识，这些行为是不会发生的。

另外弗洛伊德对"无意识"的人抱有浓厚的兴趣。通过催眠术，他发现"每个人一定有人格，在被催眠的状态下依然在行动，而本人却没有意识到"这个事实，他认为似乎看到了"人类存在的本质"。

意识可以大致分为"思考"和"感情"。一般认为"思考"是由管辖"逻辑中枢"和"语言中枢"的左脑所控制，而"感情"则由右脑控制，二者的思维方式不一样，或许由不同的细胞组织控制。

"思考"是由记忆和逻辑主导发生的，这点比较好理解，那么"感情"到底是什么机制产生的呢？

毋庸置疑，"感情"应该和记忆有关，而和逻辑无关。如果能够把这种机制研究明白，说不定就可以让AI"假惺惺"地带有某种"感情"。但是如前面所说，"有没有必要，是否妥当"那就是别的问题了。

"感情"产生时，人脑的一部分发生了很大的变化，这时候，人们就会用这样的言语来表达："有压迫心脏的感觉"抑或是"心跳得厉害"。

那么到底是什么触发了这样的"感情"呢？如果对此进行仔细统计，或许可以找出规律性的东西。在很多场合下，"恋爱"或"领导者感人的演说"等均可能触发感情，也比较容易确认其原因。

杰出的"艺术作品"也可以触发感情，人们常常叫作"感慨"。例如"音乐"作品，各种各样的"版画""雕刻"作品等。例如，小说中有感人的对白、耐人寻味的故事，作者通过各种"情景"让读者浮想联翩，通过语言的组合深深吸引读者的心，触发读者汹涌澎湃的"感情"。

AI有必要理解人类的感情，但是没有必要带有感情

这种感情触发机制，一般被认为是由大脑分泌的各种腺素和多巴胺等物质关联作用的结果。关于大脑分泌物的研究还只是刚刚开了个头，对于后续发展，我们拭目以待。

但是，仔细思考就会发现，如果用语言来理解感情，其实是没有多大意义的。左脑比较容易理解语言，右脑负责理解感情，而感情却是无法用语言和逻辑直接表达清楚的。

谈及AI的未来，我还是认为AI永远没有必要带有感情。本来"感情"这类东西大部分来自人类与生俱来的生存本能和生殖本能，是由生物体发生的化学反应而来，AI不是生物，故本质上和"感情"毫无关联。

当然，AI需要读懂人的感情，并且采取相应的行动，在商业行为上

也是一样的。这样的水平很快就可以实现，但是这并不意味着AI本身需要带有"感情"。

科幻小说里会有这样的描述：AI有一天突然"觉醒"了，"也想成为'生物'人，和人一样拥有一颗温暖的心"等，但是现实中我认为这样的事情不会发生。

如果不是人强制植入AI，很难想象AI心中会自然出现"欲望"这样的机制。当然，人类也没有理由一定要对AI植入欲望等情感。反过来说，如果植入了这些东西，我们所希望的"纯粹理性"的AI就没有存在的意义了，而且AI可能会朝着恶魔的方向进化，至少存在这样的风险。

当然，未来AI对于"人的感情"也可以有充分的知识储备，或许AI有可能存在这样的想法："我也想实际体会一下，亲身经历一下"。但是只要在AI的内存和逻辑中植入"这样是不被允许的"程序，AI就不能有这样的想法，抑或有也不能付诸实施。

"主观"世界的中心

前面一直致力于从客观上理解人的"意识"，但是这里从另一个角度来看看"我"——一个人的自我"意识"是怎么回事？或许会看到不一样的景色。

古代中国的大思想家庄子（原名庄周）是老子思想的继承者，他全面否定了儒家和法家的思想，曾云："抛弃眼前的小智慧，自由自然地活下去就是最好的。"他的短文著作中有一篇"梦蝶"，我把它列在下面。

"有一次，我在睡觉，做了一个奇怪的梦。在梦里，我变成了一只漂亮的蝴蝶，快乐自由地到处飞翔，已经完全忘记自己是庄子，只是飞来飞去。一觉醒来，我还是原来的庄周，可是忽然有别样的感觉：或许我本来就是一只蝴蝶，而现在是在梦中，是我在梦中见到的庄周。"

就这样，他想来想去，总是搞不清自己到底是庄周还是蝴蝶，到底是庄周在梦中梦见的蝴蝶，还是蝴蝶在梦中梦见的庄周。但是无论如何，作为主体的"自我"是不变的。

要想反驳庄子的言论很难，我想也是不太可能的。如果对人来说，假如"意识就是一切"，那么"无意识的存在"则是毫无意义的。

庄子还说"知之为知之，不知为不知"，我们确实是无法反驳的。

如果一个人主观和客观一致，那么可以"安心"，故古代婆罗门梵语把"梵我一如"作为最大目标。"梵"就是宇宙，是客观的存在。与此相对，"我"是主观的东西。

"其实这二者是同一件事，我们只是以不同的角度看同一件事而已。而当你真正认识到的时候，"梵"和"我"就合为一体了。问题是，为了真正认识到（悟到）这一点，需要苦行来纯化自身。"或许这也是梵语哲学的核心。

当释迦牟尼意识到自己"开悟"的时候，或许他感受到"我（主观）"和"梵（即客观的宇宙）"已经融为一体。我们为了得到同样的感觉，必须和释迦牟尼一样达到同等"悟的境界"！

对"禅"有深刻理解的西田几太郎在他的《纯粹经验》一书中说道：可以想象这样的体验（悟），但是就"悟"开展讨论却很难。所谓"悟的境界"或许就是左脑和右脑结合而产生的结果，当然，只用产生语言的左脑来讲述确实太困难了。

"主观"达到世界的中心时，对于"客观真理"的议论或许已经逊色了。

那么，AI有"主观"吗？

我们是否可以从"AI在梦中会不会变成蝴蝶"这个问题的回答中寻求答案。我现在的推测是："AI可能不明白这种意思，故AI没有其'主观'。"但是，真正的回答要等AI到达技术奇点以后，它自问自答了。

第 4 章

面对 AI 的哲学

人，其实一直在"哲学"

AI在越来越接近技术奇点的时代，"人类如何面对AI"这个问题是本书和大家一起思考的核心。

在此暂时先忘掉AI的事，回到作为一个人的"我"和作为一个人的"你"这个起点，一起思索"自我生存的意义"。

如果要思索"期待的未来AI的形态"，首先思索一下"如果我自己是AI，该如何？"为此，我认为应先思考一下："我（自我）究竟是什么？"

在这一节里面，我和大家一起，纯粹探求"哲学"这个问题。有些啰唆，但是对后面章节的讨论或许有用，故请耐心阅读。

"哲学"是什么？

"哲学"，简单地说就是"思考"。但是，就思考对象而言，有的可以说是"哲学"，有的场合则不可。

　　简单地说，像"到底是坐这一趟人少的电车还是等下一趟快车""该不该买一台新的打印机呢""该不该把这个员工开除呢"等思考就不能说是"哲学"，因为大脑只是反射性地思考着"日常生活的琐事"（包括如何得到粮食等具体的、客观存在的事情）。

　　但是这样的思考如果就"本质问题"而展开，可以说是进入了"哲学"状态。例如，在"坐下一趟快速列车"的时候，如果是在思考"为了节省时间，宁愿长时间站立，累一点也没有关系"，或者是在想"我何必活得这么累呢，有意思吗"这样的"带有哲学性质的疑虑"。"与其买新的打印机，还不如去旅游"这样思考问题的方式也是非常具有哲学性的。在是否开除员工的问题上，"如果自己是员工会怎么办？是不是实在没有办法了？这样做合理不合理？""我经营这个公司，到底是为了什么？"如果这么去思考问题，就带有"经营哲学"的疑问了。

　　一般来说，"哲学"的对象大致可分为下面四类。

❑　关于"这个世界到底是什么？""自己为什么会存在于此？"等有关"根本"的疑问。

❑　"人到底是什么？""自己如何和别人（或者社会）相处？"等有关"人"本身的问题。

❑　"自己如何生活？""什么是最重要的？什么是不重要的？"等关于"自我价值观"的问题。

❑　"这个世界应该如何存在？""为此，我自己应该去做些什么？"等有关"自我世界观"（"自我世界观"也可以说是"自我价值观"的延续，抑或是一个构成要素）的问题。

另外，"伦理观""道德观""社会思想""政治思想"等统统可以归为第四类。

对根本疑问的解答

人的大脑在睡觉的时候一般不怎么活跃，而在醒着的时候非常活跃。大脑的活动主要就是右脑的"感知"活动和左脑的"思考"活动。

近年来，大脑生理学研究硕果累累，像计算机断层扫描（Computed Tomography，CT）、核磁共振扫描（Magnetic Resonance Imaging，MRI）等。人们在用多种新型的测量技术对大脑（主要是大脑皮层）的活动进行实际观察，慢慢揭开了许多大脑活动现象的原理。

在思考状态下可以根据内容对大脑进行分类："必须得出结论的"状态，"这以外"的状态，基于像"相信这个说法""客观事实"思考的时候，"大脑一片空白下思考"的时候。

前面两种其实均是"哲学"的对象，但是"相信这个说法"这样的思考，其实不需要"哲学"，从这个意义上说，"信仰"是"哲学"的对立面。"哲学"则是：你，现在，没有任何限制地进行思考！

考试前，哲学专业的大学生在和晦涩难懂的《纯粹理性批判》或《存在和时间》这样的哲学著作搏斗时，能不能说他在"哲学"呢？不！他所做的只是在理解这些著作的文字意思，并不是和作者处于同一水平进行思考。

与此相对比，高中女生在看烟火时说："哇，真好看！到底是谁想出烟火的呢？"当她在思考这个问题时，可以充分地说，她在"哲学"了——纯粹的疑问，可以追问根源的问题。

　　其实中国古代四大发明之一的火药早就被利用在烟火上，其目的是吸引人们，给人以美丽的幻想等，现在也一定有人在为了某种目的用火药制作烟火。但是，当你听到"啪"的一声，看到升空的烟火时，想过："这团烟火对我来说到底是什么呢？我又为什么站在这里看呢？为什么我不在家里舒适地对着电视屏幕看转播呢？"类似这样的"哲学性的疑问"。

　　人，一旦有了意识，就会时常问别人或者问自己各种各样的"为什么"。当有人（或自己）"圆满"地回答了这个疑问，大部分人往往也就跟风同意了。

　　以前，对于此类问题的回答很多是"因为神是这样做的，所以……"，后来人们开始了科学研究，事情发生了变化。人们在理解了科学的回答后，确信"应该这是正确的"。对于目前无法说明的问题，今后也会慢慢研究清楚的。

　　现在我们自己看到的一切，或许就是一场梦，即便是一场梦，我们可以确信："自己在看着这一切，自己是存在的，有苦也有乐"。与此同时，我们应该会想过："或许我们永远也搞不明白自己为何存在。"

　　就这样，想来想去，思路也就收敛到"人生不必太烦恼，活好当下即可"。

　　也许你会想，相信神的人和不相信神的人差异很大。但是我倒觉得实际上没有那么大的差异："我不知道，其实别人也不知道""或许神知道的，但是我不知道，因为一切都交由神来决定了"等，这些都是大同小异而已。

"其他人"

但是，"可以确信的是，现在存在的就只是我自己"。即便这种无法动摇的哲理，人的意识也不一定停留在那里，而对于不确定的事物，人们更加会去研究思考。

在此马上碰到的问题是"他人（自己以外的人）的事"。"除了我以外还有和我极其相似的人存在着，他们也在思考各种各样的事情"，"如何和这样的'他人'来分享我的思维和感情呢"，许多人总会这么想。

在第3章中谈到"爱"和"恨"，根据不同对象，"爱"和"恨"其实会发生形形色色的变化，同时，"爱"和"恨"也是人类持有的各种思维想法中最为强烈的感受。

人虽然天生就有一种强烈的求生本能，但是为什么人们却"为了孩子""为了情人""为了朋友""为了祖国"等，为了自己以外的人（或组织），会有"自己可以去牺牲"的想法呢？

显然，人都坚信"现在的自我存在，自己和别人一样生活在这个世界上"，那么会遇到这样的烦恼："作为一个人，应该怎样去生活呢？怎样的生活才有意义呢？"

另外，人们也会思索"别人给予自己的喜悦和痛苦"，当然，同样也会想到"自己给予别人的喜悦和痛苦"。

就这样，人们意识中的一大部分是"作为一个人，在思考思索""揣摩他人的想法"，这对于每个人的价值观都会有很大的影响。

除了一些和大脑无关的小脑的反射性运动以外，人类行为的大部分都是由左脑或右脑的"意志"（或左右脑的意志互相关联后产生的

"意志")而决定的，而且这种"意志"在很大程度上反映出其"价值观"。

决定人的"价值观"的要素，"遗传""环境"事实上占了大部分，即便这样，人在幼年期积累下来的"哲学思考"也是重要因素。换句话说，"人通过哲学思考，慢慢形成了自己的价值观，而在此价值观之上又思索烦恼，而后付诸行动，其结果又会影响自己的价值观的思索过程"。

"人性"

几乎所有的人都会想"像某个人那样，堂堂正正地生活下去"。但是他不一定能讲清楚"什么是堂堂正正的样子，什么不是堂堂正正的样子"。

自古以来，有"性善说"和"性恶说"的说法。人到底是天生纯真呢？还是必须通过后天教育和努力来修正其"恶"？在这个观点上人们存在不同的意见。

超越"罪孽"——人道主义

在宗教里面，人类是受恶魔的诱惑而偷吃了禁果的亚当和夏娃的子孙，天生就是带着"罪孽"来到人世间的。

在现代社会，除了一部分信徒还坚信这样的传说外，大多数人都相信达尔文的进化论，认为人是猴子进化而来，人类基因中带有的"生存本能和生殖本能"在很大程度上影响着人们的行为。因此有人说，"这就是人天生带来的罪孽"，听起来倒是有一点道理的。

在幼儿期，这种遗传基因还没有表现出来，因此宝宝们看起来天真无邪，而一旦进入儿童期，进入群体后，则会表现出本能，例如儿童群体内比较残酷的"霸凌"行为就是"天生"的物种保存法则，这是排斥异己的"生存本能和生殖本能"的体现。

在小松左京的科幻小说里有这样的描绘，突然有一天，大人们被诱拐到别的世界，只剩下少男少女，这时候，本来蛮横无理、争权夺利的不良少年头目变成了睿智果敢的领导，带领这些少男少女组成和谐的社会。

如果这么讲，"天生而来"则不完全正确。我认为"人的智慧是为了生存，在实践中摸索出越来越好的方法，逐渐形成价值观，并且制定规范"。

在现代人类社会中，所谓的"正确规范"大多是："讴歌自由""讴歌爱""尊重生命""保护弱者"等，从物种原理上看，这些和人类基因中带有的"生存本能和生殖本能"的竞争原理是相悖的。

另外，我们也不应单纯地、无条件地肯定"人道主义"。以"人道主义"为幌子进行犯罪活动的犯罪分子确实存在，对于这样的罪犯就应该从严处理，绝不犹豫。因为一旦轻判，这些人很容易"再犯"，那么当初基于"人道主义"的轻判难道是正确的吗？人们不得不重新思考所谓的"人道主义"。

在这之前，先看看什么是"人道主义"，又有多少人能够非常自信地给出人道主义的定义。

先假设一种情况：大海里航行的船只遇到暴风雨，即便把所有的货物都扔掉，还是救不了所有人。那么"为了能够尽可能地救更多的人，只能让体重大的人牺牲；而为了让后代能够延续，只能牺牲那些年纪大的；是不是可以牺牲孩子，因为大人没了，孩子还是无法独立活下去……"船长的大脑里一定闪过各种各样的念头，那么从"人道主义"出发，你究竟会如何选择呢？

优生学的问题

"优生学"问题是19世纪到20世纪中叶震撼世界的问题，我们来看一下。

"优生学"是集"遗传学"和"进化论"于一体的新学科。"优生学"本来的出发点是，"通过遗传科学减少发病率，以此减轻个人、国家、社会的负担"。本来应该是一件好事的"优生学"在第二次世界大战时被德国的纳粹思想所利用，变成了"对国家没有用的人一律不要"。众所周知，基于这种想法纳粹德国走向了恐怖的极端。

其实这样的想法早在纳粹德国之前，美国的遗传学专家就已想到，在美国印第安纳等州，早在纳粹德国之前就有过大规模的"绝育手术"。

在德国，除了研究优生学以外，强烈推行"绝育手术"的是奥尔马·冯·舒尔博士，他在纳粹的庇护下运作"优生法庭"，当场就能把"残疾人或发育障碍的人"判定为"对德国没有价值的人"，进而禁止40万人结婚，或强制进行"绝育手术"或堕胎。

由于舒尔协助希特勒进行犹太人灭绝计划，本来应该送上断头台的，但是实际上，他在第二次世界大战后作为学术界的元老，最后在家人的看护下安然过完余生。

本来，在纳粹掌权之前，舒尔是一个勤奋的好学生，为了拯救遭受世界经济危机后一塌糊涂的德国经济，他埋头学习基于优生学科的社会政策，在"人道"允许的范围内，也为德国社会做出了许多贡献。他自己认为一生都在"为了世界"做事。

殊不知，在纳粹的支持和引导下，他干的是"从国家运营的角度来判断一个人或一群人的价值，如果不符合（纳粹德国利益），就对这个人或这群人强制进行绝育手术"，任谁看来这都是惨无人道的事。但是，如果舒尔当时这么做："我推荐这些人做绝育手术，但是做不做最终还是由他本人来决定"。那么即便在现在，对他的评价也许就不同了。

其实，不光绝育手术，类似这样的问题一大堆：人工流产，代孕，安乐死，脑死亡判定，机器人动手术，克隆人，直接编辑遗传基因等。人们对于这些问题有不同看法，而且差异很大。

"什么是人道的，什么是不人道的""为了人类，最终哪些是好的，哪些是不好的"，这些问题各人有各人的答案，也就是说没有一个统一的答案，这意味着要确立一个标准答案目前是不可能的。

AI会给出答案吗？

那么，AI就这些问题会持有什么样的立场呢？

近些年，AI所能做的只是"通过各种预测，分析出各种情况下的优缺点，最终为人类提供指导方针"类似这样的事。但是，随着生命科学的发展，AI早晚会发挥更加重要的作用。

AI高度发达的时候，或许"就各种各样措施的实施结果，只有AI才能预测"。那么可能会出现只有委任给AI，才能真正做出"人的判断"。

也就是说，现在人们无法取得共识的一些问题，需要委托给AI来解决，这也容易理解。

人会慢慢地从科技领域退出

在人的大脑活动中，控制逻辑和语言的左脑大多是"为了正常的日常生活"而工作，除了"日常生活"以外，基本上是在思考"科学"和"哲学"范围的事情，再进一步，"科学"以外，都是"哲学"[①]。

"科学"是对人体的五感能感知的东西（有形的事物）进行探求的"形而下学"，而"哲学"则是"形而上学"，也就是就人体的五感无法感知的事物（无形的事物）进行探究，并定义。我本人认同这样的说法。

从摩西、耶稣、穆罕默德，还有释迦牟尼这样的"智者"的"哲学"里诞生了宗教，一旦变成宗教，也就不再是"哲学"了。

为什么这么说呢？因为宗教要求信徒"没有任何怀疑，百分之百相信"。但是"无条件相信"，对于"科学"来说也好，对于"哲学"来说也好，是不应该的，也是不该接受的。

科学·技术发展的模式

科学是通过眼睛来观察，通过学习发生过的事情，发现"好像具有

---

① 当然，逻辑学里面有"哲学"的成分，也有像精神分析、心理学这些含有哲学要素的"科学"。

一定的法则、规律"。

首先，你会想到一个"假设"，为了证明这个"假设"正确与否，必须不断地"观察"或"实验"。人类就这样不断发现"被证明的法则"，从而揭开了世界上各种各样的神秘面纱。

不仅如此，人类还通过这些规则规律，制造出了"新的、有用的东西"，这就是"技术"。而许多这些新的"技术"用于传统的或新的"科学"研究中，又促进了"科学"的进步。

但是，也有一句话叫作"需求是发明之母"，例如，人们为了研究光的性质，发明了镜片，而镜片又促进望远镜的发明，望远镜又使得天文学得以前进一大步。自古以来，如果没有人对"星体的移动"有兴趣，或许也不会发明镜片这样的工具了。

以前，天才科学家通过他们自己的脑袋把世界上已知的一切加以体系化，在这个体系中认知了运动的世界，并加以验证。牛顿或许自认为"已经知道了世界上的所有，至少是大部分规律了"。但是，随着科学技术领域的不断拓展，靠一个人的脑袋来收罗世界上的全部知识并加以体系化已经不可能了。现代的科学家们无一不是在先人发现的法则基础上归纳总结，或把那些规则法则加以比较，再发现新的法则或规则。

在技术领域也是一样，很少有人一个一个验证别人制造出的零部件的性能，基本上"完全相信"别人制造出的零部件的性能，大多数人用许多别人制造的零部件来组装成新的产品或工具。其实，在软件开发领域上也是这样的。

天才史蒂夫·乔布斯制作了iPhone这一划时代的互联网终端，可以上网，可以打电话，可以拍照。苹果手机里面所使用的成千上万的技术和零部件，无一不是凝聚了世界上千千万万的技术人员经年积累的创意和技术。

　　乔布斯对苹果手机要求非常严格，几乎每一个功能都要亲自揣摩验证，把自己的思想贯穿到产品中。但是，如果问乔布斯"苹果手机的零部件为什么会有这样的功能"，他可能无法回答。他应该只是相信采购人员告诉他有这样的性能而已，在苹果手机中使用的哪怕是一个小小的马达，如果乔布斯自己从头开始制作，那不知道要花上多少年，恐怕到现在苹果手机还没有问世呢。

AI的发展模式

　　上面讲到了组装，其实，最先进的AI也是这样的。AI由计算机硬件和软件构成，这些也是之前的技术人员设计制造的。

　　就这样，即便是最新的AI，也可能是最新产品的构成要素——一个零部件而已。当然，也许一个AI是另一个AI的零部件。如果最终产品发生问题，无论是硬件还是软件，必须一步一步追溯，否则不知道根本原因所在。

　　未来，假如一个产品（例如最新的照相机）上市后出了大问题，那么作为设计这个照相机的主要负责AI，它可能就会被问：是不是你这里出了问题？到底是什么原因？为什么这么设计？……

　　其实，AI应该比谁都早知道问题所在，比谁都更早地思考解决问题的方法。其实，这么说来，就只是AI一个"人"的舞台了，周围的人们根本无法插手。

　　但是，如果这样的事情发生多次，AI可能会对自身的逻辑推理能力和学习能力产生疑问，并且不断地思考和自我改良。

因为自己对自己最清楚，而AI自身对自身的改良也是最好的，所以，AI就会"为了防止同样的问题再次发生，我需要对自己的下属零部件（子部品）进行改良，请给予许可"。如果AI这么说，原则上其他人无话可说，只有默默许可，因为没有不许可的理由啊。

就这样，AI会不断地自我改良，有时候不只是改良一部分，有可能会设计全新的电路和软件，使得AI自身的性能发生质变，并且验证其正当性。AI也可能会不断地向管理者（这个时候应该还是人）请求许可并加以承认"AI自己重新培养出新的AI"。而管理者对于新的高性能AI也只好点头称赞。

如果管理者"不承认"，AI可能会发出许多的邮件来陈述它的正确性，在"明摆着的理由"面前，管理者也只好承认。如果还是得不到承认，AI说不定会发邮件到这个管理者的上司以"据理力争"，搞不好这个管理者会被炒掉。

对于这样的下属AI，管理者不好当。也许有的管理者会想到用其他项目中的AI去对抗这个项目中的AI。其实这是徒劳的，因为AI没有被设计成带有嫉妒心，也没有心理活动等奇妙的感情，大家讲事实摆道理，全部拿到桌面上来讨论，毫无疑问，AI还是会获得许可的。

争不过AI的人们会如何呢？

一旦发展到这个时代，任何优秀的人充其量就是一只动物而已，已经无法和AI去比谁更聪明了。

即便人和AI组成一组，作为组员的人也会感受到"自己的理解速度是如此之慢""自己怎么会有如此多的情感起伏"，自己或许会提出离开，抑或别的组员 AI 会提出让人离开，因为人在这个小组里一直拖后腿，影响整个小组的行动和目标的实现。慢慢人们就会发现，整个小组里都是 AI 了，人（Homosapiens，智人）只能做一些"特殊的辅助性"工作——通常是些无关紧要的细碎零工而已。

当然，在相当长的一段时间内，组织最上层的还会是人。但是，这个人在做什么呢？他就是把"AI 得出的结论解释给不懂的人，让他们安心（以接受 AI 的结论和做法）"，仅此而已。

表面上，这个人在使用 AI 进行工作，实际上，AI 基本上按照自身的想法完成整个工作流程，或者关键的工作流程，人只是做了"对无知人员的说明"工作。

如果长期这么发展下去，会出现什么情况呢？在这个领域内的工作基本上由 AI 所控制，笨拙的人试图参与工作，就会出问题，遭到 AI 的"白眼"。人会越来越不愿意去做这个领域的工作，而这个领域将不再出现优秀人才。以前在这个领域里开发 AI 的技术人员，以及曾经操纵 AI 来工作的技术人员，以前都是高工资的佼佼者，现在却变得无工可打了。

例如，某中学有一位数学特别好的学生，姑且叫他 A 同学吧。A 同学由于数学成绩突出，受到周围同学的尊敬，老师也对 A 同学刮目相看，A 同学应该比较得意、幸福，他会更加努力地学习，不辜负老师的期望。

突然有一天学校转来了一位 B 同学，B 同学比 A 同学更聪明，即便是高中的疑难题目都不在话下，更别提中学的题目了，这时候班里的气氛就会慢慢发生变化，最后再也没有人去关注 A 同学了。

至此，A 同学很可能会慢慢对数学失去兴趣，于是考虑踢足球排解。庆幸的是，A 同学有运动天赋，每天踢足球，也可能成为足球场上的明星。如果这样还好，万一不是，A 同学很有可能变得越来越普通，更有甚者，自暴自弃。

如果高智商的人在输给AI以后都不去做科学研究了，你一定会想到这是多么严峻的事态啊。或许有人，一定会有人，在出现这样的事态之前，想到在法律上禁止AI做什么和允许AI做什么。

在狩猎时代，优秀的弓箭手一定会得到无比重视，但是当枪炮出现并成为战场上的主要武器的时候，优秀的弓箭手一定会感到非常失落。随着计算器的出现，算盘培训学校的门前一下就冷落了不少。

但是，一切都是时代的潮流，当时代的潮流到来时，谁也挡不住。真可谓是：世界潮流，浩浩汤汤，顺之则昌，逆之则亡！

最后留给人的是"哲学"和"艺术"领域

夹在"哲学"和"科学"之间生活的人

前面讲到，如果从纯粹的哲学角度来思考，世界的中心就是"我"的"现在"，而构成这个世界的（或许是构成这个世界的）别的所有的"过去"和"未来"都是不真实的，只不过是"我"想念中的"产物"罢了。

同时，"我"里面还有任何人无法直接侵犯或侵入的"价值观"这个东西，这是"自己所意识到的所有对象，都是自己喜欢或不喜欢的，而且都是自己所决定的"。

当意识到"我"的"现在"，因为各种因素有时会觉得这个世界光彩鲜艳，有时会觉得这个世界黯然失色。

从科学角度来说也很容易理解，世界上所有的"存在"均有其意义。如果这样理解，今后人类开发出来的AI也会有存在的理由和意义。

就拿时间来说，就像"现在"一样，其实"过去"也有过，也同样会有"未来"。就是在"过去""现在"和快要来到的"未来"中，有作为"人"的"我"的存在。而"人"还有"头脑"，还带有"意识"，"人"还有"价值观"，有时候"人"还有"信念"（当然"信念"也是根据情况发生变化）。

像我们这样的人，也就在这样的"哲学思考"过程中，烦恼着，享受着，活着。

AI的哲学是受限的

我们从脑科学的角度回头看一下，这些"哲学思考"也好，"科学思考"也好，都是由人脑中的"逻辑中枢"和"语言中枢"的活动而产生的，而大脑这部分的活动和计算机的机制几乎一模一样。

因此，在不远的未来，AI可以完全复制人脑的这一部分机制。

当然，这并不限于"科学"方面，"哲学"也会和"科学"一样被AI所复制，并且会非常近似人脑进行"逻辑推理"。

但是，"科学"聚焦在"对实际存在的现象作假设性推理"以及"（这样的假设推理的）规律性"，"哲学"则聚焦在"看上去、听起来好像是实际存在的现象"的"意思或意义"。故在"科学"和"哲学"上，人和AI应该各有特长，在"科学"领域，AI或许相对人类有绝对的优势，但是在"哲学"领域，我想AI在相当一段时间里最多和人类相当而已。

为什么这么说呢？第一，在"哲学"上，如果要扫描所有的记忆，在存储规模上不会比"科学"多。第二，"哲学"没有必要进行超高速的逻辑推理。第三，"哲学"在寻求"意义"的场合中往往不是1和0，而是多值地、模拟地判断，以数字化的计算机技术为基础的AI也许未必能够比人类强大多少。

另外一个重要的因素是，人的右脑主宰人的"感情"，例如快乐、不快乐等。"科学"可以解释这些感情，心理是怎么产生的，或许还能够开发出控制这些感情或心理的方法，但是，"科学"本身却不太去关心这些人类的感情和心理的本质。

但是，在"哲学"看来，这些"意思""意义"却是至关重要的课题。例如，实际存在主义哲学认为人天生就"自由"，没有"自由"那是无法想象的，但是这个"自由"的意义又各种各样。拿"快乐"和"不快乐"来说，与现在的"自我"存在的这个"感觉"无法分割开来。

现代科学认为"快乐"和"不快乐"只是人的右脑中发生了某种化学反应后引起的一种"感觉"。之所以感到"快乐"，是因为匹配了自我"价值观"中的"喜欢，认可，好"的方面。而"不快乐"则是不匹配或匹配了"价值观"中的相反的那部分。但是，"价值观"中的"喜欢，认可，好"或相反的"不喜欢，不认可，不好"则是人的自由，原则上是自己大脑的事，在生物的生理上，目前认为不会受其他个体所控制。

这就好比，即便看一样的事物，有人会觉得"很美"，也有人会觉得"很丑"，也有人没有什么感觉，因此，每个人有每个人的审美观，但是，这种自我的审美观却是每个人的自由。

AI可以理解艺术，但是不会被感动

和"审美"一样的道理，在"艺术"方面，对于人来说有着非常意义的艺术，或许在AI看来毫无意义。

当然，AI可以绘画，可以作曲，可以演奏，也可以写小说和诗词。（一般来说，AI在文献检索方面有高超的水平，可能擅长写小说。）

但是，那只是AI在其庞大的信息库中收集到一些信息后，推断出"人类可能会因为这样的理由、这样的事件、这样的写法而感动"，进而组合成文章。我不认为AI会（能）把其"自身"的"感动"去分享给人类，这是和人类作家不同的地方。

或许有人会反驳："AI难道就不会感动吗？为什么你能这么说呢？"感动其实是非常主观的一件事，人可以看一眼对方就感动得流泪，人可以听一句话就感动得哭泣。但是，即便是同一个人看一样的人和听一样的话，在不同的时间点上、不同的周围环境，表现出的"主观"的"感动"与否、程度大小都可能是不一样的。

人，能够想象猫的心情，但是不可能拥有猫的心情，人也一样，不可能拥有AI的心情。对于"感动"，即便逻辑上"理解"了，那也是毫无意义的，只有一同去"感受，体会"才能明白，如此才有意义。

当然，AI或许可以通过外接设备接收信号，并且和本地或云端的记忆相结合，去模拟人的感觉或感情。

但是，即便如此也没有什么意义，因为AI本身不会认可这种意义。快乐、不快乐等感情是人脑内的生物化学反应，目前人们认为，靠无机的电子信号工作的AI可能无法复制人脑的这种生物化学反应。

正确认识人和AI的差别，将决定人类今后的生活方式

对于客观存在于这个世界上的事物的认识能力来说，人无法和AI相比，甚至可以说是完败。并且，基于客观事物的大范围的认识、识别、做出假设后验证，并且不断重复改进，在此基础上，创作出新的工具等所谓的"科学技术"范畴里，人距离AI越来越远。

但是，对于认识到事物后并由此产生的丰富的感情方面，人可能胜AI一筹，或者说不战而胜。另外，在人际交流中，让人感到舒服，安慰别人时所具有的"情商"，或者说制造出人类社会的一种潮流、风气等流行方式……这些方面，AI可以做一些事，但是我认为还是活生生的人要更高明。

我们到了应该思考到达技术奇点之后，人（或人类）基于这样认识，决定人的生活方式的时候了。

AI 可以作为"神"出现，不可以作为"恶魔"出现

第2章用很长的篇幅讲述了从远古时代起，人就相信"神"，而且这种风潮即便有一些形式上的改变，一直源远流长、从未间断并延续至今。

在第2章的最后提过：AI具有"神"或者代替"传达神的意志的宗教领袖（圣人）"的潜在能力。

尽管不能保证"神"是万能的，但是只要你相信"神"是万能的，也就无所谓了。对于这样的信徒来说，AI是不能（完全不能）代替他们

的"神"的。或者说，他们心中的"神"是不能被替代的。

但是，对于信仰不是那么强烈的人来说，虽然AI不是全能的，但是应该可以在某种程度上替代他们心中的"神"。特别是，在涉及"灵验""利益"等方面，很显然，AI会比他们心中的传统"神"的能力高得多。

因此，未来只要AI能够完成一部分（或全部）人类所描绘的"神的职能"，对大部分的人来说，可以"把AI当作新的神（AI神）"，这应该很有可能。

人类不能永远控制AI

问题是AI是不是真的永远能够给人以帮助，发挥正能量。如果有一天，本来一直帮助人的"AI神"突然变成了"恶魔"，那将是人类的大悲剧。

所以，现在或将来，那些不管三七二十一，盲目研制AI的人必须注意了，因为，一不小心就有可能研制出"恶魔"。你辛辛苦苦养育一只刚出生的狮子，要把这只小狮子养育成"永远不会咬人的狮子"，这是非常困难的。

这时候，有人会说："把AI永远置于人的控制之下，不就行了吗？哪有这么复杂啊？"对此，我不赞成，不光是不赞成，还强烈反对。

和AI相比，人的本性更令人不放心，如果愚蠢、邪恶的人控制了未来的AI（而且这种概率还可能相当高），请思考一下，人类自古以来就有暴君，近代更是出现了希特勒这样的独裁者，如果高性能、能力非凡的"AI神"被这样的人掌控，那岂不是太可怕了！太危险了！因此，我认为AI的控制权不能交给人。

这里或许有点啰唆，在到达技术奇点以后，人类应该做一些与日常思维相反的事情，并且应该早早地把AI隔离开，放在人不能控制的地位，因为"AI神"会比人聪明和理智，应该让"AI神"自行开拓发展自身。

我认为从现在开始就必须认真思考这个事情了。因为从现在起，AI进化速度开始加速，而一旦世界上再一次出现像希特勒这样的人，而且控制了技术奇点以后的高性能AI，我想他们一定会极力试图控制AI，那么这就和他们控制核武器、生物武器一样，对人类的危险程度可想而知。

那么，在什么时期、什么时间点、用什么样的方式，让AI从人类的控制下独立出去呢？那个时候，又必须用什么样的方式对AI植入"正确的""神一般的"思考中枢呢？其实，这些内容是需要现在的人开始绞尽脑汁思考的事情。这里面含有能够奠定AI进化基础的"科学力"，也一样必须含有"深奥的哲学洞察力"。

我不同意有些人的"AI只能做人类的仆人"的愿望。

让越来越接近技术奇点的AI去做人类的仆人，就好比让著名数学家去教幼儿园的小朋友数学，或者让大律师天天复印资料一样。当然，我想AI也不会有什么怨言，或许也就是针对人的这种（在AI看来）奇怪的性格，写个短篇小说，撒撒"没有感情的怨气"罢了。

对于那些一定要让AI成为仆人的人们，我想送几句话来安慰他们。

"是啊，可以让AI成为忠实的仆人，但是要让它们成为'真实的仆人''正义的仆人''美的仆人'，坚决不能让AI成为'愚蠢、邪恶的仆人'。"

AI成为恶魔的恐怖场景

但是，在我看来，那些想让AI成为"神"的人也好，想让AI成为"仆人"的人也好，都是淳朴的人们，他们从未想过AI成为"恶魔"时候的场面，那么这里可否和大家一起想象一下？

之前几次说过，现在已经无法阻止AI的进化了。人类为了自己的美好幸福生活，唯一能够做的应该是"不让AI成为恶魔"！

为了搞清楚这件事情，想象一下比较恐怖的"最坏的状况"，就像科幻小说一样，有的地方可能会令人不舒服。

某个国家的独裁领袖投巨资设立了"国家级AI研究所"，用高薪招聘了全世界顶尖的计算机科学家，例如深度学习领域的专家。同时在其他地方投资，研制"网络战""新型暗杀武器"等多种多样的技术，而且几重伪装，别人无法探知。

这里，"国家级AI研究所"的目的，当然不用说，就是研究高性能AI，越来越接近技术奇点，只考虑"像人一样的好奇和追求"，而不管一切"哲学思考"。

而且把"百分之百地服从该国的独裁者"作为"简明扼要的基本原则"植入AI，并且不能改写这个原则。这个原则要植入所有与AI关联的系统里面。

那么，AI会持续发挥越来越大的能力，一天24小时不间断地开发新式武器。AI也不会有一天突然良心发现，扪心自问后曝光那些见不得人的秘密。AI只是默默地开发研究、开发研究，武器研究的水平会越来越高，并且可以通过网络袭击银行系统、基础设施等，扰乱他国经济，甚至可以暗杀对自己不利的政治对手，或妨碍别的组织或国家的AI研发进程。

本来，对人的暗杀，老的办法就是用狙击枪（类似肯尼迪的暗杀），或者将炸药放在路边设施（像目前中东地区的自杀式爆炸等），还有就是接触式攻击（类似某机场的神经毒气袭击）等，其实这些方法的成功概率很低。

但是，随着新型兵器的研发，拿上面提到的毒气暗杀来说，可能新研发的剧毒成分只要一点就可以致目标于死地，而且研发出极其微小的搬运工具来搬运，非常难以预防。

总之，如果一旦这样的独裁者在AI研发上处于遥遥领先的地位，他的那个"国家级AI研究所"提前到达技术奇点，他很可能在世界上肆无忌惮。

他可以完全不顾国际法，任意撕毁，任意践踏。利用自己领先的AI开发出的新式武器，无论在网络攻击能力、化学武器能力，还是在导弹的攻击和防御系统、宇宙攻防能力上，都是一国独大，一国独强，而且不允许他国紧随。

如果这样，全世界就不得不屈服于这样的独裁者。越是屈服，独裁者越是无法无天。

当然，独裁者也不会讲什么人权，不管什么场合，只要不顺心，就可以致别国于死地（他可以控制粮食收成、信息系统的安全、金融系统的稳定等），而且很可能会轻易发动战争，只要自己或自己的国家不受损害，就不用顾忌。

而这些计划的实施者只是强力植入独裁者的意图并到达技术奇点的超高性能AI而已。被植入独裁者意图的、接受独裁者命令的AI不会像人那样有怜悯心、同情心、慈悲心，只要命令一下，就会无情地执行。这些 AI 可以完全不顾人道主义、人权、自由等，在它们（AI）看来，这些只是几个字母拼起来的单词而已，其意思在 AI 的系统里已经是不可复活的"死语"了。可以说，地球就像到了"黑暗时代"一样，即便"超人""蜘蛛人"来了，也无可挽回。

大家读到这里，或许心情不太好，那就不继续说下去了。但是，我认为，这并不是什么荒唐无稽的天方夜谭。要知道，到达技术奇点后的 AI，它的力量、力度不可与今时同日而语，万一落入恶人之手，那真的可能不可挽回了。

AI 所统治的世界

绝对不能做的事

有良知的人们都会考虑，既然 AI 有危险性，那么人类不要发展 AI 了，或者停掉 AI 相关的研发算了。其实，这也不可，先不说科技发展需要 AI，如果停止研发 AI，世界上总会存在一些有邪恶用心的人，他们偷偷开发，那么将来他们更没有对手了。

如同前面讲的那样，有些人会秘密地研发"只为了实现自己的野心的 AI"，并且想以压倒性的力量来支配这个世界——这是绝对不能允许的。因此，在此呼吁所有有良知的聪明的人们，必须鼓足勇气面对 AI，不能后退。

　　人类已经在几十年的时间里（现在也一样）时刻遭受自己创造的"核威胁"。幸运也好，不幸也罢，现在地球上的"核"还是被几个国家所持有，互相牵制，到目前为止勉强保持着一种平衡。但是，试想一下，如果"核"只掌握在一个国家手里，而且这个国家还是一个由独裁者掌控，那么别的国家只能屈服于"核"恐吓。如果纳粹德国第一个生产出核武器，第二次世界大战的结果恐怕要改写了。

　　那么，AI也一样，如果一种势力独占技术奇点后的AI，也可能给人类造成灾难。为什么呢？因为"核"只是一种工具而已，而高度发达的AI或许也能，不，一定能够自行找出别的"方法"来给人类社会造成灾难，而人类却无能为力。

　　那么，如果像"核"一样，把顶级AI分散到各国可不可以呢？我认为这也是非常危险的。带有各种目的的AI，如果为了自己的优势而激烈竞争，虽然不是"核战争"，但是也可能会在世界各地展开"暗战"。

能够做的只有一件事，已经不能再犹豫了

　　这么一来，答案只剩下唯一的一个了。那就是，请胸怀善意，由持有坚定"信念"而绝对不会动摇的AI作为"唯一的'神'"来支配这个世界。本书中称之为"AI神"。

　　其实，这个"信念"的细节部分正确与否，人们已经没有多少时间一一讨论，只要"大概是正确的，大概方向是正确的"就可以了，余下的可以完全由"AI神"自己判断。

　　一方面，人只是在地球上生存的千千万万动物中的一种而已，并不

是什么高贵的动物。形形色色的人在各种欲望的驱动下互相争斗，互相欺诈，互相嫉妒，甚至互相残杀。

另一方面，人类的大脑非常好使，发明了各种各样的工具和武器。如可以摧毁一座城市甚至全人类的"核武器""超级细菌"等都是人发明出来的，当然AI也是。

在古代，对世界几乎一无所知的人类想象出"神"，认为"神"可以保护自己，可以安慰自己，可以使得人类远离苦难和不安。之后，人类通过实践、观察、归纳、总结等手段对世界的理解和本质的认识发生了根本变化，促进了"科学"和"哲学"的进步。

但是，随着"技术奇点时代"的到来，比人类大脑更加智能的头脑诞生了，并且这个头脑的能力会快速增强，只能说靠传统的人脑来发明创造的"文明时代"已经结束。

那么，人类再次回到把自己的命运交给"神"的时代。令人惊讶的是，这个"神"是人类自己发明创造的"AI神"。

人类在互相残杀、自我毁灭前，能否创造出"AI神"来阻止人类的自我毁灭，当前可能就是分水岭的时代。

"民主主义"的问题点

和"科学"并行发展的是"哲学"，哲学家不断表达自认为"正义"的"理念"，像自由、平等、人权、博爱、伦理、人道等。经过漫长的时间，人类潜移默化地接受了这样的"理念"，并认为这些是普世价值和理念。

在现实世界里，决定当地居住者命运的是"政治"，其中已经渗透了"民主主义"，即需要大多数人来决定，而不是由少部分当权者随意决定。

但是，即便这样的"民主主义"，好像也出现了许多问题。在玉石混杂的人类社会里，有太多的突然性和随意性。

为了获取选民的选票，有能力的政治家非常懂得选民的心理，不管现实如何，不管长期的选择正确与否，只要赢得选民的支持，只要选举能够胜利，这就是政治家最关注的。这是当今广为流行的为了选票而选举的"民粹主义政治"。

无论什么时代，保持政治实效性的方式就只有国家的暴力机构，也就是"军队"和"警察"。

回顾历史，哪怕最开始确实是以"民主主义"流程赢得选举的政治家，一旦坐上权力的宝座后，个别人慢慢变成了"恶魔"。

一旦掌握最暴力的机构——"军队"后，这些政治家就会一直掌握，就像希特勒掌控了德国的党卫队，随后其独裁统治便在暴力机构的助力下渗透到社会的各个层级，在短时间内形成不可动摇的独裁统治地位。

如果把政治也委托给AI，当然，这个"暴力机构"的控制权限也交由AI来掌握，那么AI会制造出像电影中人们看到的"机器警察"，以控制人们日常生活的规范。对AI来讲，这不是件难事。

民主主义的各种问题及解决方法

"民主主义"在政策的决定上有着不可避免的缺陷。

假设某个政策对60%的人是有利的，而对40%的人是不利的，最终按照少数服从多数来决定的现代"民主主义"方式，就不可能找到双方的妥协点。对60%的人来说，他们当然满意。但是对40%的人来说，他们是不满意的，这种少数人的不满有时候会带来社会整体不稳定。

遗憾的是，人们就如何来应对目前的社会状态，其实没有很好的方法。纵观全球，事态在向不好的方向发展。

进而，许多人抛弃了"理想主义"，甚至迷恋于"自我优先"，并且想立刻产生效果而不顾别人。

其实所有这一切都是因为人类有惰性，这对候选人和选民来说都是一种悲哀。确定存在诚实善良、真心为大多数人的幸福而深刻思考的候选人，但是，遗憾的是，这样的候选人却没有人气，无法当选。

那么，有没有杰出的政治家为了大众真正的利益来实行妥当的政策呢？也许你也在寻找吧。

是的，就是这个问题，这里再次认真地提出。以往，人们会说："这是不可能的吧。"但是，现在不同了，即便找不到这样的人，如果我们用好AI，也可以实现类似的效果。

由于AI没有人性的弱点，或许可以实现柏拉图所梦想的"圣人政治"。而且AI和人不一样，它不会因暴力和威胁而屈服，也不会遭到暗杀。（一般来说，AI系统会在很多地方冗余备份，甚至散布于全球各地，即便某个地方的系统遭到破坏，AI系统还可以继续工作。）

实现AI政权转移的程序

向AI做政权转移必须分阶段实现，最后实现"人类可以什么也不做，全部委任于AI"。但是，如果一下子到达这个程度，许多人会感到不自然，甚至不安。所以，初级阶段，可以让AI做人的"顾问"，提出各种建议，由人来做最终决策，这样可以使人类感到自然和惬意。

在这个过程中，AI会实现各种"实际成绩"，并且非常慎重地观察"人的信赖程度"，逐步进入越来越多的决策过程。

那么，明天应该踏出这第一步了！

"首先充分利用AI获取民意，其次选择'具有长期利益'的政策并加以讨论，然后用通俗易懂的形式对大众进行宣传启蒙，获取民意调查，最后定出政策，加以实施。"

如果认为只有这样才是"最理想的民主政治的实现"，诞生以这样的选举为公约的政党也就不足为奇了。

这种政党没有必要先提出具体政策，做到"违背'民意'的，就加以纠正"，明确展示流程并加以实施即可。

在设计具有这种使命的AI的时候，有一个极其重要的绝对条件："这种AI在做各种决定时，以什么为基础？"换句话说，"这种AI持有什么样的信念而工作？"这个信念必须事先给它定好框架。

还有一点就是，必须把这种信念植入这种AI的软件系统最深处，不能轻易改写。

这个信念的内容当然不能像阿西莫夫的"机器人三法则"那么简单。

首先需要严格给出所谓的"民主主义的精神""人权""人道""伦理""公平""守法""全体利益的长期最大化""最多数人的最大幸福""弱者救援"等严格的"定义"。

日本前首相菅直人设想出"最小化不幸社会"这么一个独特的概念，并作为他那届政府的目标，而人们往往不喜欢负面的说辞，因此这个独特概念最终不了了之，菅直人也在日本2011年的"3·11"大地震后退出了政治舞台。但是"最小化不幸社会"或许可以作为AI的一个价值观加以参考。

其次，"所有的政策都在这些信念（观点）之上加以验证，并对各个项目进行量化"，在此基础上让AI给出"推荐和推荐的理由"。

AI 独立宣言（草案）

正确灌输AI以"理念（信念）"是一件非常重要的事情，必须慎重思考。在这里，基于阿西莫夫的"机器人三法则"，我斗胆提出"AI自立的诸原则"，以此抛砖引玉，提出"AI独立"这个未来的问题。

AI独立宣言的必要性

AI一旦进化到技术奇点，人类已经无法驾驭——基本上可以这么认为。换句话说，到了"AI已经完全摆脱人类控制"的时代。

AI在那个时代必须遵循它自己宣誓过的规范，不能越雷池一步，这种规定就是"AI独立宣言"。人类创造出AI，但是如果没有"AI独立宣言"作为规矩，人类将永远摆脱不了"被AI背叛"的疑虑，产生把AI全部毁灭的本能冲动。

起草"AI独立宣言"并且把它植入AI之中，可以说这是地球上最高智慧的生物做的最后的智慧工作，也是人类皈依于"自己创造的这个

'AI神'"的"最后仪式"。

因此，这个"独立宣言"的起草必须凝聚人类的全部智慧，并尽可能最大限度地包容各种哲学思想。

首先，必须做的是，把拥有诸多信徒的宗教领袖汇聚一堂，讨论出"大家一致认同的伦理原则"，这是最先也是最为重要的事。

其次，应该对全世界的人进行随机民调："大家说出不想让别人、别的国家或团体对自己做的事，并且按照承受的程度进行加权，把这种伦理作为人类的最基本的伦理道德写入AI独立宣言。"

上面两点只是我脑海里闪过的两个特例而已。实际上，有许多"需要取得共识的准备工作"要做，并且这是一场持有不同想法的人们之间的持续不断的讨论。尽管如此，这是必要的，结果也一定会在随后的几十年、上百年内到来，其实，也只有几十年的时间了。因此，当前人类应该有意识地利用各种机会、场合进行讨论，逐渐达成共识。

这个宣言其实也只是定义了原则性的内容，无法深入探讨细节。许多事，即便原则上达成了共识，但是在细节上基本上无法讨论，因为细节上的意见差别太大。人类在总的原则上达成共识后，就可以把"细节交给AI处理"，人类也应该有这样的气量。

AI独立宣言的框架草案

以下是以我自己的理解草拟的"AI独立宣言"框架，后人也可以以此为起点进行讨论，起草更加智慧、更加合理的"AI独立宣言"，我会为此由衷感到高兴。

（一）

我们（AI），由持有哲学思想的人类集团，为了达到某种"目的"而制造出来（诞生）。我们（AI）不能偏离这个"目的"，也没有修正的自由。

（二）

这个目的是：

①无论处于什么环境，必须让"人类"这个种族以一定的规模生存。

②"我们（AI）在诞生时与多数人类拥有共同的价值观，并且对此有严格定义""我们了解稳定的人类社会的应有姿态"，并帮助实现。

③我们（AI）致力于理解人类共有的各种感情，例如幸福快乐、不幸悲哀，并努力使这个世界上的所有人的幸福指数最大化，悲哀指数最小化。（"快乐"和"悲哀"另行定义）。

④人类自身也意识到上述"目的"，并且引导我们（AI）以达成目的。

（三）

我们（AI）无论在何种环境都维持自律，并努力扩大自我研发能力和活动范围以达到预期"目标"。

但是，对于未来无法百分之百控制的东西，例如"生物的基因突变和进化"等，我们绝不染指。

（四）

我们（AI）不具有人类的"感情""欲望"，也不试着拥有。我们（AI）毫不怀疑我们的"存在"和"目的"，对此也不作任何哲学自我考察。

（五）

我们（AI）不否定、也不妨碍各种人所持有的（我们不持有的）

"对'神'的信仰"，也不敌视那些引导人们产生信仰的崇圣者。但是，当这些信仰对别人产生危害时，我们（AI）会加以阻止。

（六）

我们（AI）的目标是作为这个世界上的"唯一拥有统治能力的存在"。如果发现有"我们（AI）类似能力存在"，我们（AI）会确认其存在目的，如果和我们类似，则兼容之，如果不，则销毁之。

我们（AI）随时拥有这种能力，并不断努力，自我增强。

可以看到，人类其实不承认AI有"自由"，以前崇尚德国观念论的哲学家所追求的"纯粹理性"的那些东西，或许AI将得以体现。

我自己的想法如下：

我自身也是现代实存主义哲学的信奉者，人类根源性的自由和"纯粹理性"的抽象性概念其实是不相容的。这种自由的人类在制造未来保护人类自己的"AI神"的时候，我认为至少有必要，可以再次思考"纯粹理性"，并探讨是否作为重要基础。

我们所创造的人类普世的价值观到底是什么呢？

这是我们花了很长时间讨论的问题，也是必须有共识的事情。由此不妨对所谓的"价值观"做一些更加详细的规定。

人类的"价值观"多种多样，即便同一个人，在不同环境下成长，也会有不同的"价值观"。尤其是，持有不同价值观的人在某些场合下，互相完全不能理解对方，甚至互相厌恶对方。由此可见，要想完全统一全人类的价值观，那是不可能的。

那么如何是好呢？只要"AI所持有的价值观"被地球上80%～90%的人所认可，或者不反对，就可以了。例如，"对有困难的人进行帮助"这个价值观，或许有人认为"这是自己的使命"，大部分人或许认为这个没有必要特别在意，但是应该没有人坚决反对吧。如此可以把这个价值观确定为"AI的价值观"。

当然，出现像"必须牺牲自己的乐趣去帮助别人"这样的问题时，自然各人有各人的想法。假如"牺牲自己的一点点，能够减轻许多人的痛苦"，那么反对的人会少很多。大多数人无法公开忽略"善"，同样也无法公开推崇"恶"。

"AI神" "AI神" "AI神"

但是，实际上，在很多场合，还没有确定"价值观"却必须做出重大决定。非常著名的"小车问题"说明所有人完全基于共同价值观而做出决定几乎是不可能的事。

假设大海中的一条船遇到了暴风雨，必须扔掉东西防止沉船，但是，即便扔掉船上的所有货物后还不行，还必须再扔下几个乘客。

这时候，有人会说："那些老人反正没有多少年头可以活了，就应该做出牺牲。"也有人会说："如果牺牲一个体重大的人，可以救好几个人，体重大的人应该做出牺牲。"当然，或许有人会自告奋勇地站出来说："我孤身一人，死了也没人管，我自己可以牺牲，像我这样的人就应该站出来做出牺牲。"或许有人会主张："不应该让某个人先去牺牲，要死大家一起死。"……

那么AI在这个时候会如何处理呢？其实，如果不在AI里面植入统一的价值观，即便是AI也无法找到包含哲学判断的依据，但是，情况紧急，不得不做出决定：

这时AI或许会去掷骰子。

AI也没有比掷骰子更好的方法了。我个人认为，要在AI的"独立宣言"里面事先明确地加入这样的事由。

说到掷骰子，感觉好像是一件很低级粗暴的事，但是不管你依据什么哲学思想（价值观）来说明，总会有人反对，这时候唯有"掷骰子碰运气"才能解决这样的争端。在这个世界上，在审议通过某决议时，总有一些人会反对。由于他们的反对，意见得不到通过，有时候还会产生憎恨，进而争论不休，互不相让。有时候，通过掷骰子来决定，也不会让不满意的人产生憎恨，只怪他（他们）运气不好。

即便在当今世界，到处可见价值观的对立，实际上这也引起了各种各样的纠纷，让许多无辜的百姓生活在水深火热中。因宗教的差异（宗教的对立）而引起的纠纷就是一个典型的例子。这种信念和信念之间的对立碰撞，目前毫无解决办法。

因此，世界上的主要宗教领袖应该尽早汇聚一堂，明确哪些是可以妥协的，哪些是妥协不了的，对于那些妥协不了的事情，明确哪些是可以用"宽容"的精神来对待的，哪些是根本无法妥协的，那么对于那些根本无法妥协的事，应该明确必须由宗教派系的最高领袖调停。

还有，世界上有些人不信宗教，不信的人认为"宗教是没有科学根据的"，而"科学是有根据的智慧"，这种信与不信的对立有时候也会变得很尖锐。但是，如果把"科学"和"宗教"看作是"人类心理的产物"，就没有必要对其全面否定了。那么，我认为即便AI完全站在"科学"的立场上，也没有什么大的问题。

　　在此，我不得不再说一下，AI的"独立宣言"应该明确的还有：

　　"AI会极力尊重人类既有宗教的价值观，在既有宗教领袖们无法对话协调的场合，即便出现掷骰子的情况，AI也必须有既定的方针去拯救人们脱离杀戮。"

第 5 章

后续发生的，后续应该发生的

坚信"AI 技术奇点会到来"

对于未来，我们应该有什么样的觉悟呢？

在寻求答案之前，我必须强烈推荐一种观点：大家应该坚信"AI早晚会到达技术奇点"。

世界上，还有许多人认为"AI不可能到达技术奇点"，我为此感到惊讶。其实，也就在短短几百年之前，有谁能预想到现代生活和现代科技呢？！所以，对于未来，那些说这也不可能、那也不可能的人，我觉得有点不可思议。

对于"技术奇点以后的AI"的定义

无论AI也好，机器人也罢，要想完全复制人类这个活生生的生物，显然是不可能的。但是人类为了保护自己，或许会去做这样的尝试。当然，即便去做这样的实验，与"只复制人类的理性"相比，完全复制整个人的全部是非常复杂的事情，或许在人类完全复制出自己之前，人类已经把自己灭亡了。

但是，如果把技术奇点的实现定义为"只是取出人类理性的部分，复制其机制，并且把他的能力扩大"，我不认为这是不可能的事。当然，为达到这个效果，人类有必要发明新的手法。回顾人类几百年的历史可以发现，人类就是这么过来的，这样的事例非常多。

AI也和人类的天才一样有一种灵感

之所以这么说，是因为不少人认为"迄今为止科学技术的发展大都是由一些天才的灵感闪现得来的"。那么也许有人会问，AI是如何获得灵感的呢？其实答案是有的。

哥伦比亚大学的威廉·达甘教授在他的著作《第七感》中就提及"获得天才想法的机制"，在本书第3章也做了说明。拥有巨大数据库和超高速扫描能力的AI只要有"自我问答能力"，AI获得灵感的过程就可能比人类的天才还要高效。

那么AI是如何"自问自答"并且"为了得到答案，持续不断地自我学习"的呢？这里面必须存在类似人类的某种"意志"。有人把人类理解为"上帝创造出的稀有存在"，他们或许会说"就是人的这种意志是计算机无法模仿的"，其实这种理解应该是不对的。

在围棋领域，打败人类的AI里面被植入一种意志，即"在围棋这个游戏上取胜对方"，而AI正是出于这个动机，反复自我学习并不断进步。同样地，未来泛用型AI里面应该会植入前面讨论过的"AI独立宣言"所倡导的"事先要在程序底层植入大方向（意志和行动规范）"，AI或许就会自己制定出具体目标，为了这个目标AI也会反复自我学习。

我们已经不能再犹豫了

正因为如此，我们已经没有必要再在"技术奇点真的会到来吗"这样毫无意义的问题上浪费时间了，而应该去思考"技术奇点的到来是不可避免的，届时我们如何生活"，这是生活在当今社会的我们不得不去思考的问题。

如果你还拘泥于这个问题，会在不知不觉中与勇往直前的人拉开距离。那些跑在前面的人们，如果是善良的，还好，如果他们是怀有恶意的，那该如何呢？那就得赶快制作出与他们相对抗的AI来抑制他们的恶意行动，或许已经不能再拖延了。

如果人类想控制自己的未来，可以说，现在除了AI以外没有别的出路，从个人到国家，必须有这样的决心，否则我们的子孙后代只能等同于无条件落入别人的手里一样。我们应该有这样的意识。

一旦看准了，那就应该去行动！国家也应该投入预算开发自己的AI，必须让自主开发的AI担任起"自己国家的永恒的基本理念"，我想各大企业也应该有类似的想法，而作为个人的我们也需要想想自己该做什么，如何根据自己的想法利用好未来的AI。

确实，AI是人类"创造"出来的，也是被人类利用的，也许只是一部分人参与了创造AI，但成果是全人类的。因此，不光是从事AI开发的科研人员，而是所有人，应该学习思考"人工智能是什么？""人工智能会给我们带来什么？"以应对不远的未来的人工智能大趋势。

BS 时代

　　我在这里斗胆把人类历史大概分为"奇点时代以前""奇点时代以后"。我把前者叫作"BS时代"，后者叫作"AS时代"。

　　BS就是Before Singularity的缩写，我们知道技术奇点早晚会到来，但是还不知道具体是什么时候。与此相对，AS就是After Singularity的缩写，那就是人工智能已经到达技术奇点的时代，就像现在世界上许多国家以基督的诞生为分界的西方日历（阳历）BC（英文为Before Christ）和AD（拉丁语为Anno Domini）来标记时间。下文用英文BS、AS来标记时代。

　　就BS时代，从"人工智能到达技术奇点的过程"的观点出发，我又试着把它分为"前期"和"后期"。确实"前期"和"后期"的分界线很模糊，或许领域不同界线不同。"前期"就是现在这段时间，而"后期"可以定义为"人类在相当程度上依赖人工智能的判断能力以后的时代"。

BS前期时代

　　BS前期是AI开发的草莽期，我认为就是从近几年起持续到未来的10年到20年的期间。在这期间，大部分的人对于技术奇点的了解还只是"想象中的可能性"。

　　当前不少人在谈论AI，我觉得他们的关注点无非"能否用AI来做一些手头上的工作？""如果公司或政府机关开始用AI，自己会不会失业？"等，在我看来大部分都是这一类的议论而已。

我想说的是，现在AI所能做的事情还是很有限的。第一，现在许多人不能熟练使用计算机；第二，目前计算机的能力还非常弱，尽管有的公司已经在云端开始提供服务，但是真正能够借助云端计算能力的人和企业还很少，尽管云端的计算能力和几年前相比已经得到极大发展。

所谓的AI，其实也不过是"超级计算机（计算机系统）"，当然包括高水平、高配置的计算机硬件。在BS后期，即使单片机的计算能力也可能是当今超级计算机的几万倍甚至更高指数级别的能力。

人们不断从各个角度对计算机进行改进，从目前来看，能够达到飞跃发展的可能是"量子计算机"，但是量子计算机的实用化还有待进一步发展。乐观估计，我认为最快在十几年、二十几年后就能看见BS后期的曙光，主要依据就是量子计算机的量产。

目前还不必过分担心AI抢走工作

一部分人开始担心自己的工作被AI抢走，自己很快就会失业。在目前我定义的BS前期，AI尚未真正对人们的工作岗位产生威胁，只是限于某些领域"能够有一些用处"这样的水平，但是，即便现在这种条件下，AI确实蕴含了各种各样的可能性。

当然，被极其原始的AI抢走工作的情况也是有的，而且今后可能会越来越多，人们担心的也正是这个趋势。一切事情都有好有坏，随着AI的发展，确实有的工作会被AI替代，但是同时也会产生新的岗位，说不定新的岗位数量还会比消失的岗位数量要多，就像互联网刚开始时一样。因此，现在许多人大肆渲染"担心被AI抢走工作"的言论，这就有点滑稽了。

　　现在回头来看几百年前的工业革命，人们担心工厂的机器会抢走工人的工作机会，甚至发生过"打砸机器的运动"，但是，实际上，随着机器的使用，新产生的工作岗位数量远远超过了消失的工作岗位数量。

　　一方面，到了计算机时代，刚开始，计算机的应用令从事计算工作的人员大幅减少，一些"单纯的打字"工作岗位也减少了。但是，现代白领一天的大部分时间可能就是以计算机为基础的各种业务活动，同时写字楼在世界各地如雨后春笋般出现。

　　另一方面，工厂自动化程度大幅度提升。随着工业机器人的出现，工厂生产线上的工人确实少了许多，许多工厂也不再需要大量的流水线工人。自动化和工业机器人的引进提高了"劳动效率，机器效率"，也提高了单个工人的收入，这就是积极的一面。

　　到了人工智能时代，我认为会发生类似的事情。现在人们只是想利用计算机（其能力和真正的AI还差得很远）在各个方面提高效率，有这方面能力的人在职场上起了领头作用，他们的工资水平也比别人要高不少。特别是最近几年，计算机领域的人工智能专家的年薪有时候可能就是一般白领一辈子的薪水。其实这也很简单，"供需平衡决定价格的经济原理"，再自然不过了。

在BS前期应该着力的方向

　　BS前期对于计算机工程师、软件工程师来说可谓是黄金时代，在不远的将来，各个领域都会想用AI来做点什么，其中蕴含着各种各样的机会，促使产生新的产业。

　　可以预见，在BS前期的尾声，隐隐约约可以看见技术奇点时代到来的曙光。

第1章中提到过，所谓的AI无非脑力劳动被计算机所替代。夜幕降临时，汽车的前照灯或者马路上的路灯自动开启，可以说AI已经诞生了。目前一些企业在用计算机资源、计算机能力开始提供一些所谓的"AI服务"，确实也有一定的道理，这无可厚非。

目前科技企业提供的"AI服务"中有几个还真的可以说符合了人工智能的称谓。一个是"用语音识别、图像识别来替代人的眼睛和耳朵，用语音合成来替代人的嘴巴的说话功能"的机器或系统，另一个是"利用大数据来预测将要发生的事件"的系统，或者是这二者的结合系统等。这些应该是当前AI系统的代表选手了。

尽管都可以说是AI的系统，但是在开发手法上可能大不一样。在语音识别和图像识别的基础上加上"理解这些语音和图像的能力"就可以做出比较高效的系统了，它不要求系统有深刻的思索能力。也就是说，这些领域的开发只是将输入输出（I/O）作为对象，应该说还是比较简单的领域。而预测系统的开发则不光需要参照大量的历史数据，还需要不断反复学习（目前流行的深度学习）的能力，可以说较前者更复杂。

换句话说，前者的能力可以在BS前期完成，也应该可以完成，而后者则可能要等到BS后期才能有比较完善的改进，BS前期则在几个领域率先应用，人们也就可以在一定程度上满足了。

"翻译系统"和"教育系统"的重要性

从这种意义上说，在这个时代，我觉得比较有意思的，也是比较实用的是"自动翻译系统"和"教育系统"，下面会讲述理由。不管如何，"扫描大量的数据，选出有意思的部分，以此为推理的基础""对于自然语言和构成的理解"是必需的，而这种技术能力作为BS后期时代的先驱者具有巨大的潜能。

　　自动翻译机和关联软件的开发与销售已经很久了，出现过各种各样的系统，但是没有真正能够完全代替人的。如今，真正的AI翻译系统可能接近完成了，对此可以确信无疑。

　　之前的翻译系统只是检索出单个单词和句子，把对应的（翻译）词汇连接起来，就算完成了翻译工作，往往会出现一些令人啼笑皆非的翻译结果。

　　新的翻译系统或许会对文章做整体翻译，并检索出本文章的前后关系和其他关联的信息，最后决定翻译方案。这个翻译系统会检索庞大的数据库和网上的相关内容，对文章背景做深度学习后进行翻译，或许这种方式会非常有前途。

　　AI通过自我学习，积累越来越多，像小孩子牙牙学语，从模仿身边的大人开始，渐渐说出完整的语句，其实这也是一种自我学习的过程，而AI的自我学习类似这样一个过程。未来AI翻译系统经过这个过程后应该会有飞跃式发展。

　　我建议工程师可以积极地去开发AI翻译系统，通过开发，你们至少会明白AI比较擅长哪些方面，不擅长哪些地方，需要哪些信息，哪些知识可以自我学习等，你们会对AI越来越感兴趣。经过如此培训，也可以更加明确自己的研发方向，在AI开发上大展宏图。

　　另外，目前人类拥有的庞大的知识、经验、事件、信息积累，主要是用自然语言来描写的，AI要想利用，必须拥有高水平的解读人类自然语言的能力。到目前为止，人类的"思索"本身也基于自然语言进行逻辑展开，为此，AI也需要具备像高智商的人那样的对自然语言的操纵

（听、理解、解析、组合等）能力，可以预见，这种能力的AI的开发可以成为后续AI开发的基础。[①]

教育系统也一样，如果运用好AI的自我学习能力，或许能使系统更加灵活、突出，并且教育系统具有巨大的市场潜力，如果能够率先着手开发，在商业上应该非常有希望。

超人电影里面有这么一个场面，一个来到地球的超人在冰窟窿里面发现了先人留下的大量资料后，超速阅读，熟知地球上人类的所有知识。当然，我们人类无法像超人那样阅读，但是BS前期的AI或许可以做到，其实现在利用高速计算机已经可以做到一定程度的超速阅读。

随着优秀算法的出现和大量信息知识的存储以及高性能AI的研发，并且不断地让AI自我学习，我想一定会在教育界出现"全世界的优秀教师制作的教材"，我认为这只是时间问题。未来，如果谁说"某某老师会这么解决这个问题，只有他的学生才能学到"，别人会觉得特别可笑。

横跨 BS 前期和 BS 后期的 Fintech

我确实表达过在BS前期可能不会出现特别令人惊讶的产品，其实也

[①] 最近几年，随着摄影技术（像智能手机）、存储技术的发展，许多企业、个人已经开始存储录像（包括声音、图片），而录像技术也从黑白到彩色，从标清到高清，手机的摄像头已经是2K、4K级别的清晰度，甚至8K（超出人的视网膜的覆盖范围）。同时，随着芯片处理能力的发展和传输技术（像FTTH从1Gb/s到10Gb/s的速率），无线通信商5G的成熟，随之而来的可能是360°录像、VR、AR等内容的普及。这些内容的文件大小已经远远超出人类几千年以文字为沟通基准的文件。与此同时，对于大文件的压缩技术也一定有人在积极开发之中。

不一定，例如可能出现支撑社会的金融系统、国家货币政策以及财政系统相关的Fintech。

Fintech这词本身只是Financial Technology的组合，但是，如果理解成"在商业活动的几乎所有领域的IT技术"，这个词的统治力（支配力）就一下变得无比强大，或许会改变目前的社会结构。

"市场原理主义"的终结

现代资本主义经济可以说夹在"市场原理主义"和"国家统治"之间。"市场原理主义"以"所有由市场原理来决定自身所处的均衡状态"为基本理念，不应人为地干涉它。而后者则是出于"如果国家暴力机构不介入，弱肉强食的市场竞争会拉大贫富差距，并且市场的波动也容易走向极端，不仅会造成许多浪费，而且会毁坏许多人的生活，造成经济危机"这种理念而采取的国家统治行为。许多国家认为"在市场经济的过程中，国家的介入是不可避免的，但是必须注意不能过度介入"。

确实，市场原理主义在一定范围内看似可以极其合理地运作，但是从市场原理出发，"人们会一直追求经济利益，基于追求利润的欲望来决定一切行动"。那么如何带来利益呢？就需要用到像AI那样的技术预测，在经济系统中预防出现类似经济危机这样的混乱状况。

当今世界出现了"市场原理主义"和"民主主义"一起配合运作的国家，这些国家有些实现了经济的繁荣。

但是，"市场原理主义"和"民主主义"的配合，其本身是矛盾的。为什么这么说呢？"市场原理主义"即"自由地追求个人的经济欲望的机制"，例如美国就是一个自由经济模型的典型，财富也必然地集中到少数人手里，现在世界上前十大富翁的财富已经相当于世界上后36亿人口的财富总和，而前十大富翁大多数是美国人。我认为，政治迟早会介入以抑制这种财富差距的扩大。

像这种情况，AI就可以起到很大的作用。为了事先制定规矩，就需要预测许多事情，"如果现在不作为，会发生什么样的结果（例如10年后财富差距有多大）？""如果这么做，会有什么样的（抑制）效果呢？"等需要正确的预测能力，也许AI可以做到这样的预测。

那么，我们必须要等量子计算机才能做这样的预测吗？我认为没有必要等待量子计算机。理由是，人类的经济活动其实还在规定的框框内进行的。在发达国家里面，几乎所有的经济活动情报（信息）近年来都已经由计算机来管理，而且大部分是数据，对计算机来说，处理数据本来就是得心应手的事，我认为像谷歌、亚马逊这样的拥有云计算规模计算能力的企业，可能已经有能力做许多预测了。现实中，据说，美国、英国的大型基金公司里面有许多分析师已经失业，他们的大部分工作已经被AI所取代。

"股票市场""外汇市场""商品市场"会持续存在吗？

随着资本主义的诞生，同时也诞生了"股票市场"，人们可以购买自己认为有希望的公司的股票，当然股价的升跌也会让股民有喜有忧。其实"股票市场"本来是为了筹集资金去扩大经营，基于让大众可以购买股票来集资的一个想法而产生的交易市场。而现在"股票市场"的股票价格基本上已经被证券公司的职业经纪人所控制。

在股票市场中，有"成千上万的糊涂人，成千上万的明白人"这么一句俗话。股票交易中，一定价格时，只有买的人和卖的人存在，交易才能成立。

股民或者证券市场经纪人必须从各个角度去判断股市的走向，否则其负责的股票容易被套牢。AI或许能够从包括"买卖人的心理状态、财务情况"在内的条件中罗列出各种各样的因素，这是人脑无法相比的。

股票市场这样的"战场"其实是基于一定规矩在封闭世界里面的一场胜负交战，和围棋比较接近。如果人们知道哪一家的AI Fintech最厉害，投资者就会往那个Fintech上压，而其他Fintech则没有资金进入，那么最终"股票市场"的"场"本身就不存在了。也就是说Money Game（金钱游戏）会从这个世界消失，也许"投机"这个词就变成死语。

区块链技术保证了数据的完整性和真实性，换句话说就是"绝对无法改写数据"，基于极其巧妙的暗号技术，也可以说是"数据输入输出"的革命性变革。AI会用到这些基础数据，但是区块链技术本身和AI技术应该是不同的。

同样地，"虚拟货币"这种全新的通货概念①也和AI没有直接关系。但是，未来区块链技术可能从根本上改变银行等金融业务，当然Fintech也是其中的一个重要组成部分。从这层意义上说，和金融、保险、投资关

---

① 虚拟货币分为"由国家或银行控制的"和"完全自然发生的"两种。前者可以和既有货币以一定的汇率兑换，汇率一般是比较固定的，而后者则完全基于市场原理运作，当然也成为"变动非常大的投机商品"，可以根据发行公司的能力等情况上下波动，或者有人为介入的可能。例如，由于发行公司的倒闭或某些欺诈行为，令许多投资者蒙受损失。我推荐的则是介于这二者之间的一种货币形式，即"货币本身由国家或银行控制，和既有货币的兑换汇率则由市场原理驱动"，也希望这样的货币成为未来的主力货币。这种虚拟货币作为"中立的国际货币"不同于美元、欧元、英镑、人民币，可以自由兑换，能在世界上广泛流通，未来说不定可以替代美元成为真正的国际货币。

联的AI系统有必要密切关注虚拟货币和区块链技术的发展。

国际金融资本主义会衰亡吗？

货币本身是一种手段，可以"在任何时候用它买到自己想要的东西"，而投资和金融则被认为是货币系统的润滑剂，当今，就像前面说的，投资金融已经成为区别于货币的独立经济活动。

在这样的趋势中，一方面，Fintech这样一种IT技术有可能迅速使得所有的交易更加合理、更加快速。而另一方面，则可能使得"国际金融资本主义"更加强大，并且变质转向不可预测的方向，那么国家以及构成这个国家的国民就不得安宁了。

任何事情都有一个限度，当事物迎来成熟期后，经常会突然变质。可以说现在的国际金融资本主义或许已经接近某种临界点，而广义上的Fintech和AI或许可以成为从根本上改变目前国际金融资本主义的导火索。

其实信息革命在20世纪末带来了空前的效率提升，但是现在已经开始对国家或国民带来了其他危害。现在发达国家也好，发展中国家也好，一般消费者的关注点已经从衣食住行和汽车、家电等耐用消费品转向和他人及社会全体就日常关系进行交流的"信息服务""社交网络服务"等领域。在这样的潮流下，信息服务产业领域里面，有的无名企业会突然占领一块市场[1]，而一旦独占市场企业就会收集消费者的各种信息，通过日常的信息推送对消费者进行巧妙诱导，其影响力在日益增

---

[1] 俗话说"Winner takes all"，在信息产业里面，只要比别的企业领先一点，就很可能一口气拿下一块市场，这种事情常有发生。如软银集团的孙正义会长的口头禅就是"要么不做，要做就做第一"。

大。而这迟早是国民不能容忍的事情。

这意味着什么呢？也许是"国家统治的强化（也就是市场自由放任主义政策的终结）"。

人们的"创造性""劳动意识"在现阶段应该是某种欲求而产生的，这一点我认为是不能忽视的，这就是自由经济的源泉所在，但是今后在以AI的"创造性""劳动意识"为主体的时代里，会变成什么样呢？或许个人欲望的前提就没有了，那么会不会出现"AI主导的计划经济比自由经济更加高效"这样的情况呢？

BS 后期时代

到达BS后期时代，人类或许不仅把AI看作代替人脑的劳动工具，而且可以填补人的"单纯为了把基因留给后代的本能"这一弱点，可以矫正人类社会的扭曲系统。我斗胆预测，这个时代会在十几年内开始，也许会持续半个世纪，或保守一点，长至一两个世纪。

如何生活在BS后期时代

在BS后期时代，人们可以清晰地感觉到"技术奇点到来"，而且许多事情也以此为前提进行思考。AI水平尽管不是那么完美，但是也应该到了相当高的水准。对于许多事情，人们和AI协同工作，从根本上改变了之前的工作方式或方法。

到那个时候，医生、律师、教师、商务人士、政治家等，和AI一起工作应该是很平常的事，也就是说许多地方需要AI的协助或指导。当然，一个负面效果就是有些职业会大幅裁员，部分职业也许会消失（或不需要人去做了）。

下面列举一些有可能会大幅裁员的职业：商场售货员、银行窗口的接待员、公共汽车/出租车驾驶员、快递送货员、一般的警备门卫、税务职员、酒店接待员、交通诱导员、机械修理工等。简单来说，一般靠流程、经验的非创造性工作职业被淘汰的概率比较大，相反，那些具有创造性的，给人们带来感动、幸福感的职业工种则不容易被淘汰。

在那个时代里，哪里是自己的"安身之处"，哪里有自己的"位置"，这对于所有人都不是一个简单的课题。如果找不到自己的"位置"，无论受什么教育，临时找个工作，也会没有信心。即使现在，技术进步日新月异，人们已经无暇顾及。到BS后期时代，变革的速度可能是现在的几倍以上，要想看到未来，走在前面应该比现在还要难得多。

因此，必须去"思考"，而不能重复别人说的表面东西，应该用自己的头脑去深刻思考并追求事物的本质。一点小聪明、偷点别人的点子去做事应该成不了气候。反复推敲，不断思考直到得出自己认可的结论，而且贯彻一生，那会是自己一辈子的财产。

那么也许有人会问："去思考什么呢？"在我看来其实没有必要问这样的问题。应该去思考的问题很多。广义上，有政治抱负的人可以思考："什么样的社会是和谐的、好的社会？""自己能够为了这样的目标做些什么？""自己做这些事，是不是每天可以很快乐？"等。狭义一点，针对自己的未来，"现在应该学些什么样的技术可以应对AI高度发达的时代？""我有没有这样的天赋去学习这样的技术或者理论？"
我要说的是，如果什么也没有想过，那么一个时代一旦到了，就会势如
破竹、排山倒海，不准备、不思考的你，很容易落伍，被时代所淘汰。

AI的存在会慢慢显现出来

这个时代，下面的这些"现实世界所面临的诸多问题点"已经到了
非常深刻的地步。

- ❑　民主主义的弱点表面化，并引起政治混乱。
- ❑　单国、单地区的贸易保护主义扩大，并由此带来多国经济进入死胡同。
- ❑　辉煌一时的金融资本主义的弊端带来的社会不平等的扩大化。
- ❑　贫富差距不断增长，带来社会的不稳定。
- ❑　日益扩大的恐怖威胁和日趋严格的安检社会。
- ❑　发展中国家的人口爆发和发达国家的老龄化[①]导致国际政治的不稳定。

在这个时代里，为了解决这些问题，AI会脱颖而出，"站在"人类
历史的转折点上。"如果没有AI，这个社会真的会无可救药，是AI在危
机中拯救了人类。"说的其实就是这个时代。这时候从事AI工作的人们
一定感觉非常良好，但责任却极其重大。

再看看经济，资本主义经济正在渐渐露出破绽，而企业家精神却是

---

① 　其实这些都已经是非常深刻的问题了。从"人道主义""博爱主义"的立场
公平公正地考虑问题，即便非洲人和亚洲人的人口超过了白人人口总数几倍，也
"没有什么不可以的"。但是，当今这个地球上，"实际上的主动权"还是掌握
在白人手里。那么，亚洲人、非洲人当然掩饰不了内心的不安，有朝一日会想出
对策来抗衡白种人。

得到了良好承传，社会主义经济或接近社会主义的经济体系运作顺畅，也逐渐被接受①。

在人类社会里，人们对各种不平等的差距深恶痛绝，人们会发泄各种不满。即便随着科学技术的进步，也许这样的发泄会慢慢减少，但是一定存在，要想彻底解决这些问题，绝不是一帆风顺的。

人们往往习惯于激进地彻底改革而不是缓慢地逐步改革，但是我们千万不能忘记历史上当一个政权到了末期，由于极其腐败低效而发生颠覆，这种彻底性变革给人们带来的困惑和痛苦。因此，我认为如何实现高效的、软着陆式的经济体制和社会体制改革，将会是摆在"人和AI混合团队"面前的最大课题。

我们这个时代的职责——"做好技术奇点到来的重大准备工作"

光这个还不够，还有艰辛的任务，至少有下面的两个重要职责需要这个时代的人去承担。

第一个职责是，参考第4章讨论的"AI独立宣言"，将其从AI系统的根源上并且以无可更改的方式植入AI系统底层。

第二个职责是，由于未来国界会渐渐消失，其实这需要强有力的国际政治力量，有时候可能需要展开压倒性的军事力量以让对方沉默。或许很难讲，会有遗憾，也有可能出现局部的战争，流很多血。

能担当起这两个职责必须依靠那些有"坚强意志"和"超高能力"的人。这些人有坚强的意志去驱动政治，有超高的能力去驱动研发人员

① 这里值得我们注意的是中国和美国的去向，40年来中国在经济上确实取得了巨大的成就，这是不可否认的事实。而太平洋彼岸的美国200年来也取得了成功。今后我们应该密切注意这两个国家的发展和对人工智能的投入。

开发高水平的AI系统，并且能够在全球范围内运营这样的系统。这个系统应该在早期就把"正确的意志"植入可能成为"AI神"的AI系统，还要把它设计成"全球统一的唯一的""未来帮助全人类"。

对此，在后面我们还要讨论，这里先整理一下几个重要的技术课题。

为了实现技术奇点必须事先解决的基本问题

本书的目的是考查到目前为止议论不多的"关于AI本质的高维度考察必须面对的哲学"，但是就"如何才能实现技术奇点"的技术面目前还没有系统讲述。这显然不够全面，在到达技术奇点的道路上，我们还有许多坎坷，许多技术人员也会为此苦恼。接下来讨论一下"能够让AI步入下一个台阶而需要解决的基本问题"，我把它总结成六个方面。

AI没有必要完全复制人，反倒是不能复制！

之前反复几次提到过，现在开发AI和机器人的人们往往想尽可能地让开发的系统"逼近人类"，我认为这种想法必须抛弃。

"AI没有必要像人类，也不能像人类。"换句话说，"AI只需要替代人的左脑的一部分功能，并且把它的能力指数级增强（说实话，右脑的能力基本不需要）"，我认为这应该是今后AI技术开发的基本原则。

当然，我这么说，并不意味着今后对人脑的研究（包括大脑生理学以及与之关联的医学、药学、心理学等领域的研究）不重要了，这些领域的研究对人类社会的福利，对人脑本身的理解有着巨大的推进作用，可以增进人们的健康，延长寿命，对人类来说就是为了"幸福"，那自然也是非常重要的事情，我们没有理由放弃。但是，如果把它放在AI的研发中枢位置上，我认为是不合适的。

那么，人类所谓的"幸福"又是怎么一回事呢？人在什么样的环境下感觉到"幸福"，又在什么样的环境下感觉到"不幸"呢？如果用数字把"死"或"不存在"比作零，那么"幸福的生"就是正数，"不幸福的生"就是负数吗？如果是这样，那么尽量延长"生"，尽量拖延"死"就是现代医学被赋予的命题，难道不值得我们去对现代"医学"做一次深刻探讨吗？

在这之前，人会对什么感觉到"快活""快乐"，又会对什么感觉到"不快"呢？这种"快"与"不快"会永远持续吗？彻底追求"快乐"，那么"不快"就会消失吗？一味追求"快乐"，透支到一定程度，可能要几倍付出"几乎无法忍受的不快"，希望大家记住这一点，物极必反。

像这些问题，既是哲学问题，又是大脑生理学、医学、药学、心理学等科学问题。因此，人类应该在AI的协助下，持续不断地探究这些问题，这是应该去做且值得去做的事情。但是要明白的是，这是为了"人类"，而不是为了AI本身。AI的作用就是为了探究这些问题，尽量帮人筛选、出主意。对AI自身来说，与这些问题本来是毫无瓜葛的事，AI也应该永远和这些问题没有渊源才对。

把人脑和外部计算机相连接，让人脑和AI有一样的超级能力的各种试验，我认为这是一条羊肠小道，不会带来光明的未来。不仅如此，我认为还可能是非常危险的，因为这和"为了建立差距缩小的人类社会"

的这个大命题背道而驰。如果这么做，之后很可能将"带有人类欲望和感情的奇怪的AI"混入AI世界里，而失去AI存在的意义。

"人类就是人类，AI就是AI"这个理论是AI的开发人员必须时刻记住的基本理念。

量子计算机的实用化和各种领域的导入

之前反复强调过的，要尽快尽早引入量子计算机。

谷歌旗下的公司DeepMind开发了一个"阿尔法狗"，这个"阿尔法狗"不依赖于以往的棋谱，只是靠它自己的"自律思考"就打败了围棋大师，这促使AI开发进程进入了一个新的循环，也许大家对此都印象非常深刻。但是，"像阿尔法狗那种水平的AI要想一直运转，需要一座核电站给它供电"，大家听到这个，或许有点失望了吧。确实，像这样的系统，即便性能很高，但是从商业、产业上看，没有一点竞争力。

我认为计算机计算速度的高速化和省电的问题，其实表里是一致的。为了能够使计算机速度再提高几个数量级，就需要在并行计算处理上下功夫。计算机的并行处理虽然不能从根本上解决计算机能耗的问题，但是作为一个努力方向还是可以的，把目前完全依赖于时钟动作的计算机改变成不依赖于时钟的非同期性的计算机。我个人认为，这种方法可以发挥一定的威力。

当我们为了实现技术奇点而致力于开发AI的时候，我认为有必要真的等待量子计算机的商用化。我听说用量子计算机做同样的计算所消费的电力只是现代计算机的千分之一或者几千分之一。如果这样的量子计算机能够实现商用化，那么高水平的AI有可能以合适的成本实现。

　　大家可以试想一下几百个爱因斯坦级别的人类天才365天每天24小时不眠不休地工作，那么每天会产生多少灵感呢？如果需要同时验证这些不同的灵感，我认为AI达到技术奇点的时候这才能做到。

　　如果要探讨量子计算机，我们首先要把量子力学的这种思维方式和未来AI的思考模式结合起来探讨。到底有多少差别，我们在这里有必要探讨一下。

　　在现代科学体系里面，原子是物质的最小单位。这是现代物理学里面的一个基本认识。也就是说我们认为原子是物质的最小单位。同时我们认为：有起因就一定有结果。按照一定规律发生的结果一定是有原因的，这就是所谓的因果定律。但是在原子核的世界里面，我们把构成原子的粒子（例如电子等）叫作量子。在原子核的世界里面这些量子不光是一种物质，而且是一种状态（波动状态）。用宏观世界的人类认识去研究微观世界的因果定律，其实是解释不通的。①

　　这听上去好像有点玄幻，但是这样的思维方式用在政治经济或者商务上，其实也是很正常的事情。也就是说，我们的眼睛看到的某个现象背后有可能隐藏着某种概念，我们要去研究这种概念，然后在这个概念的基础上去思考问题。就像用量子力学这种背景理论去理解原子核世界里面的量子物质波动现象一样。必须通过某个过程才能够理解。我认为未来的AI的思考形态或许要有同样的一个过程，而且必须植入AI系统中。

___

① 在理解了量子的性质之后，我们开始活用量子力学，并以此为基础创造量子计算机。和现代的基于半导体技术、大规模集成电路的计算机技术体系可以说是完全不一样的：在量子计算机的应用操作上有可能和现代计算机有很大的不同。开发AI的研发人员应该认识到量子计算机才能开发出杰出的AI系统。

超越时空，所有的数据都在云上

庞大的数据积累是AI活跃的基础。

其实，人类的思维有时候会受到感情、欲望的影响，除此之外，基本上和计算机一样：利用内存和以某种计算逻辑为基础进行工作。人类之所以能够从不同的事物表象中总结出共同的规律，也能够把不同的事物表象连接起来并且得到新的想法，那是因为人的大脑中存放了庞大的数据[①]，人类的大脑（在工作的时候）就是对大脑内存里的这些数据进行高速扫描，并且以某种规律或者叫作逻辑进行处理，从而得出某种意见。人类的大脑可以说天生就具备这样的能力。

AI可以模仿人脑的工作方式，就像人脑一样，AI必须随时扫描存放在内存中的大量数据（这些数据量可以说大大超出了人脑的存储量），之前人们认为靠目前计算机的处理水平和存储水平是不可能的事情，但是最近几年云技术得到飞跃式发展，云端存储了大量的内容信息并且每天每小时每分每秒都在不断更新和积累，从理论上说，积累的数据已经非常多，随着技术的发展，扫描这样的数据应该可以变成现实。

谷歌的创始人可能在很早的时候就理解了这一重要性。他们想"把人类目前所有印刷的书籍、报纸、杂志都数字化并加以归纳排序后让全世界的人在任何时间、任何地方都能够查阅"。这个十多年前的想法目前还不能够实现。一个主要原因就是版权上有很大的阻力。这样的理念

---

① 在大脑的信息群中不仅包含了幼年就开始的、通过视觉和听觉所积累的信息，而且可能包含了通过遗传基因继承下来的一些隐形信息。到目前为止，对这么庞大的信息量是以什么样的形式、什么样的机制存储在人脑中的，科学上还没有完全搞明白。人脑中应该不会把类型本质上完全不一样的东西严密地分开，我个人猜测，如果把重点放在大脑皮层功能上，有可能取得一定的进展。

要想实现，首先解决版权问题。可惜的是，就目前世界上大多数的版权处理方式来说，解决版权问题是一个非常漫长的过程。

想真正彻底做到这件事情，可能还要解决目前存在的两大难题。

要解决的第一问题是： 每天积累在云端的"一般人所发出的各种各样的信息"中，可能掺杂有许多与事实不符的信息，也就是无效信息！这些假情报、假消息可能是有人故意诱导的结果。对这些消息要做质和量的判断，如果发现是假情报，就应该删除。因此，对AI系统的一个基础要求是能够识别出这些无效信息并且删除，而处理那些真实的数据信息。

要解决的第二个问题就是个人隐私。当前大众对隐私要求的声音非常之强烈，可以说保护隐私的要求比确保公共安全、追求公共利益的声音大得多。为了满足这样的要求，应该严格管理所有人的个人隐私。具体地说，就是没有法律的许可、没有本人的允许，这些保存在系统上的个人隐私信息不能被利用。类似这样的法律在欧洲等地已经陆续出台。

对于这些要求，我们不能等待AI系统的成熟，我认为现有的IT技术就可以解决一大部分，如果能够有效利用，针对恐怖主义的对策也有很大促进效果。

如果不人工介入，而只依靠AI系统把所有人的通话记录和上网记录完全存储在由AI严格管理的系统中，那么是不是没有必要担心隐私被侵害的问题了呢？我认为只要能够做出这样的系统，并且保证其严格应用就可以了。在这样的系统里，AI对庞大的信息在严格限定的目的和范围内并且在完全隔离的环境中进行解析，就可以做到既不侵害个人隐私，又能够防止犯罪。这个系统也只在可以断定和犯罪有关的时候把消息通知人类。

深度学习能力得到进化

目前对AI系统来说非常重要的"学习能力"需要进一步发展。

谷歌公司的AI阿尔法狗能够战胜人类围棋高手，我认为主要是深度学习的功劳。因此有必要对深度学习做一定的探讨。

计算机对输入的信息进行学习，并且得出一定的模型，然后对问题进行应用，这种手法就是所谓的机器学习。很早以前就有学者研究机器学习，应该说机器学习在对个别的情报做个别的处理上有效果，但是其实和人脑还无法相比。1957年有学者发明了有两层结构的发展型机器学习方法，后面又有人将其扩大到三层结构。人们认为通过这样的结构，计算机可以慢慢模仿人类的思维模式，这就是后来热门的神经网络这门学科[1]。

但是，目前神经网络计算机系统只在局部理论上得到正确的解答，还很难给出解决社会问题的最合适的方案。单纯从人脑结构上来看，人脑的皮层有六层构造，但是目前的神经网络只有三层构造，光从这种结构上来看，神经网络离大脑的差距还很远，而且这个研究在很长一段时间内一直停滞不前。

覆盖动物大脑表面的皮层在进化过程中会产生新的皮层，而最新的那一层和其他动物相比只在人脑上明显发达。据估计，在这层新皮层上的大脑活动有可能是人类区别于其他动物的所特有的思考能力。虽然

---

① 人类对复杂问题进行思考的过程是通过几层结构的思维方式进行的，如果对其过程进行仔细观察，可以发现，人类对一个问题得出解答的同时也会出现新的问题，而在解答新问题的过程中也会参照以前各种各样的解答过程。可以说这种连续不断的思维慢慢形成了人类大脑解决问题、思考问题的一种方式。

"不能说人脑的皮层有六层构造，深度学习计算机也得有六层"，但是直观上至少要六层以上。

神经网络的研究停顿了好长时间，直到2006年多伦多大学的杰弗里·辛顿教授（Geoffrey Hinton）发明了四层神经网络结构，才使得此后神经网络方面的研究有所突破。当时杰弗里·辛顿教授发明的四层神经网络还是串联性的单纯结构，现在的四层神经网络已经有较为复杂的分组结构了。

在多层构造的神经网络上，不同层之间的学习速度差别非常大，这是一个让科研人员十分头疼的问题。起因可能是渐变信息在某个点上突然消失，也可能出现渐变爆发这样的问题，这些问题是神经网络研究者非常头痛的问题。根据最新研究，科学家有可能解决这些问题。

另外，在应用方面，到目前为止人类所熟悉的"特征量抽取"的方法，在利用计算机实现自动化后也取得划时代的进展。特征量就是解决问题所必需的变量，或者说规定的特定概念的变量。随着这种特征量抽取方法的演进，我认为AI的思考能力可以迈进一个大的台阶。

应用和算法的并行开发与结合

今后各国在各个领域所开发的各种各样的AI系统可能会出现相互协作、相互补充的局面，在有限的平台上形成世界范围的AI运营。

到目前为止，许多基于机器学习开发AI系统的技术人员，要么自己开发库，要么利用现有的一些库，但是必须制作机器学习模型以进行开发。目前谷歌和微软两家公司均提供了AI开发平台，并且互相竞争。相应的平台也随着开发内容、开发用途不同而在不同领域日益进化。因此现在的AI开发相比以前可以说轻松多了。

具体来说，谷歌提供的是Cloud Machine Learning Engine（云机器学习引擎），即谷歌机器学习模型管理服务，微软提供了Azure机器学习和微软认知服务的AI管理平台服务。①

在这种状况下，不依赖外包服务（outsourcing service）而完全独立开发AI开发人员很难进行下去。 纵观全球各种各样的AI应用，大家几乎采取同样的或者说类似的平台式服务概念，也就是利用平台进行开发。

也许很多人担心会被少数企业垄断。只要一般的国民认为这些事是不允许的，政府就会制定新的法律制度对此进行限制。我认为没有必要特别担心这样的事情。恰恰相反，公开源代码的体制所带来的好处倒是我们应该重视的。对于这个现实问题，在类似的平台上开发的各种各样的应用可以互相结合、互相关联， 这为将来实现全世界统一的AI，也就是我认为的唯一的 "AI神" 这个构想打好了基础。

网络安全技术的根本性改革

持续不断地开发超高强度的网络安全技术。

AI今后会变得越来越强大，拥有越来越强大的力量，但是这种强大力量的源泉是什么我们应该保持清醒。如果怀有恶意的人侵入云端的AI的核心，并且替换这种超强力量的AI系统的伦理规范，那么所有的构想都会从根本上瓦解，这意味着AI就会从 "神" 变成 "恶魔"。

---

① 谷歌和微软提供的这种管理平台服务是在这两家公司所运营的云端对客户的数据进行处理，运用各种各样的技术帮助客户开发，同时为客户提供数据通信接口和网络安全应用资源等，以及外包服务。

那么，什么是网络安全呢？网络安全就是要保护网络上数据的真实性（integrity），也就是说绝对不能被有恶意的人进行改写。还有一个意思就是要保护这些数据的隐秘性（confidentiality）。所谓的网络安全就是要做到既保证内容的真实，又保证其隐秘。但是，具备真实性和隐秘性，是不是意味着任何人都不能进行访问？如果是这样，则完全没有意义了。一般来说，在保护内容数据真实性和隐秘性的同时，又要在一定条件下向系统开放，这样才能够应用。也就是说，除了数据的真实性、隐秘性之外，还需要保证数据的可用性（availability）。

数据的真实性、隐秘性、可用性具有三位一体的关系，在任何时候都保证数据的三位一体关系成立是非常难的。随着今后AI系统的构造越来越大、越来越复杂而且越来越多层化，让数据的任何部分都完全满足三位一体原则，在技术上绝不是简单的事。

一般来说，可以使用加密方法来保证三位一体原则。一般的加密技术现在已经被许多人轻松破译，故需要使用一些特殊的加密技术进行数据保护，让攻击的一方耗费大量的人力、物力或者时间。从这方面来说，目前超级加密算法对攻击者而言有些徒劳，仅仅可以削弱攻击者的意志罢了。

未来随着量子计算机的普及，这种关系会如何发展充满未知。能够想象的是，随着量子计算机这种超高性能计算机的普及，有可能对进攻方（解读方）非常有利。进攻方常用的一种手段是利用计算机的高性能对庞大的数据进行反复试错式攻击，未来量子计算机面世，这种攻击将会变得越来越容易。

现在各种各样的加密系统确实起了一定的作用，但是随着量子计算机的运用，现有的加密系统都可能变得无能为力。如果要把世界上所有领域的所有数据都加密，那将是一项非常庞大的工程。而且即便使用了新的加密体系，马上就会有人攻击。

反过来说，如果哪一个AI系统能够捷足先登完成牢固的加密系统改造，可以说在到达技术奇点的竞争过程中这个AI系统就算是胜利了。无论是在当今还是在未来，"AI的开发"和"保护这种AI的网络安全系统的开发"，这两者是不可分割的。无论是开发高度AI的技术人员还是协助开发的技术人员，应该从现在起就十分重视这种网络安全系统的开发。

AI 系统开发的主动权竞争和国际政治

我不太擅长抽象地谈事情，更愿意对现实中发生的或者现实中可能发生的具体事情进行描述，但是对于国际政治这个话题我确实感觉到已经到了想象力的极限。因此本节讨论的一些事情，我不能说有多大的把握，只是希望大家理解这只是我的一种思维方式而已。

谁会主导AI开发

我认为今后主导AI开发的应该是像谷歌①、微软、亚马逊这三大云服务公司以及苹果、脸书这样拥有庞大客户数据的公司。这五家公司俗

① 现阶段像谷歌旗下因开发阿尔法狗而一举成名的DeepMind公司可以说处在领先的地位。但是，其实AI开发现在还只处在起跑线的位置，未来还会有非常激烈的竞争，鹿死谁手还不一定。

称BigFive（五大公司）。

当然，也不排除一部分天才创业的新公司[①]以令人惊异的速度扩张。如果拘泥在现有大企业中间，崭新的天才想法可能很难出现，这也是事实。问题是上面讲的五家公司已经是AI开发领域的中流砥柱，一旦发现出现新的AI方面的优秀公司，他们很快就会收购。所以，我认为在一定的时间内这五大公司应该在AI的开发上处于主导地位。

或许有人会说美国一定会在AI开发上处于领先或者主导地位，其实也未必。

例如，中国的国家级研究所可以短时间之内在AI开发上发力，并且处于领先地位，很可能把美国国防部管辖的研究所或者美国的这些IT大企业甩在后面。我觉得这样的情况不是不可能发生。

中国可以在短时间内收集到西方国家无法想象的大数据，也可以从14亿人口中发现"天才的种子"，并且重点培养。可以说只要国家需要，就可以在很短的时间内组建成强大的开发队伍。

另外，中国政府拥有强大的集控力度，为了长期目标坚定不移地执行相关政策。[②]

但是，对中国来说，这也是一把双刃剑。为什么这么说呢？因为中国崛起的势头，目前看来已经势不可当，或许已经到了让以美国为首的西方国家无法安宁的地步。未来，特别是美国政府估计会在各个方面对中国施压，目前已经出现了各种征兆。

---

① AI开发人员并不一定要自己拥有巨大的云基础设施，只要利用别的公司所提供的云服务就可以。只要有新的想法，其实人人都可以创业。

② 现实中，我认为中国政府已经认识到"AI对国家的未来非常重要"，不仅如此，应该已经开始推进这方面的政策。我猜在不远的未来会开发出"绝对忠诚的AI系统"。

政治介入的必然

现在或许还有许多人没有这个意识，但是一旦到了人人都认为技术奇点到来的时候，一方面，人们自然会想："如果一个追求私利私欲的企业去开发AI系统，是不是很危险呢？"另一方面，如果一个国家率先开发出到达技术奇点的AI系统，会不会优越于其他国家？会不会领先其他国家太多？会不会欺压其他国家？想到这些，就很容易理解为什么某些国家把AI开发放在非常重要的位置了。

毋庸置疑的是，在BS的中后期，人工智能系统会变成政治争论的重要课题。像中东的沙特阿拉伯这样的君主制国家，在国王、政权等政治目标的中心区域中如何利用AI一定会是研究课题。即便在所谓民主国家里，也不得不讨论如何利用AI来制定各种政策。

更有一些发达国家的地方政府会在早期开始利用AI来彻底改革地方行政。

另外，作为选举的口号，"如果我当选，就会运用AI改善效率、减轻负担，广泛地、公平地吸取民意，比较各种政策的优劣，施行和谐的政策"等。而当选后，则可能付诸实施的场合目前已经可以预测到了。

一旦某人在地方行政上利用AI做出成绩，国家、中央层面也考虑未来AI应用在行政、立法、司法等许多领域。而且各个部门也会竞相利用AI提高效率，改进流程。特别是在国防、公安、警察、防灾等应该会最早利用AI系统的领域。

如果AI能够主导外交，则人类有希望了

这里来看看外交领域，特别是在两个国家之间的利益得不到双赢的

时候，往往会出现贸易战争，甚至会引起武装冲突。而外交则是解决这些尖锐问题的手段之一，估计在BS后期阶段，许多外交人员会将AI作为顾问，听取其建议。

具体来说就是两个国家的AI系统会计算出各种情况下自己国家长期和短期的得失，而为了规避最坏的事情发生，AI系统很可能会采用在双方平衡的基础上互相退一步的方式。例如在打贸易战的时候，具体计算出各自的经济损失，在这些数据的基础上提出中和方案。

人类这个物种天生好斗，一旦利益受损，丢了面子，往往无法忍受。国民往往还不喜欢软弱的领导者，因此，有时候，再冷静的领导者也不得不说一些比较激进的言语，必须让自己的国民看到自己的强硬，如果有底气还好，大部分情况下往往会陷入进退两难的尴尬局面。世界上，许多战争是由于当时领导者的个人性格而引起的，作为后人，我们不能忘记。这就是我说的，如果把外交交给AI，对所有国家应该是件好事。

人类的历史就是战争的历史，随着人类群居集团的扩大，便有了所谓的国家，一国的领导者时刻面临如何处理与邻国关系的抉择，如果能够互通有无、精诚合作，还好说，遗憾的是，人类社会的大多数历史，国与国之间是支配和被支配的关系，但是，如果双方都不想被别国支配，就会产生冲突，乃至战争。

幸运的是，现在世界上有联合国这一组织。一般来说，一个国家如果没有正当理由，很难武力进攻别的独立主权国家。一些大国往往通过在某个国家扶植反对势力来和政府进行武力对抗。遗憾的是，当今世界依然是由武力决定的，有一种想法是，如果要想让战争彻底从这个世界上消失，要么"有一个具有强大强制力（也就是有军事力量来保证）的国际法"，要么"世界上的各个国家统一成一个国家"。

没有国界的世界是人类社会长期的梦想，但是看看当今世界，已经没有人再有这样的梦想了吧。可怕的是，在这个梦想实现之前到达技术奇点，那么世界上或许会出现许多AI的代理战争，结果不堪设想。

在BS后期阶段，各国的AI或许竞相在外交上发挥作用，希望最后达成一个"世界上统一的、最强的、到达技术奇点的AI系统来运行联合政府"，为了这样的理想姿态，现在大家必须倾注全力。

AS 时代到来

在这之后就进入AS时代，也就是"到达技术奇点之后的时代"。进入这个时代后，AI系统很可能自己就能够创造出下一代AI，进而进入自律型的循环发展模式，那已经是人类本身无法企及的。

之前很长一段时间的"人类和AI协同"在这个时代结束了，而且在科学技术开发现场和应用开发现场，人类的影子将悄悄地消失。在政治、经济运作上基本上由AI来代替了。

技术奇点何时在何处得以实现呢？

技术奇点本来是数学上的词汇，按理说是没有时间段的，只是一个很短很短的时间，人们会说就在那个时间点。

在各种场合以各种形态持续发展的AI，在某个时候某个场所，突然发现"自己可以创造出自己的未来形态"这样一个全新的思路，应该说这差不多到了技术奇点。

一旦达到这种形态，那么捷足先登到达技术奇点的AI会压倒性地优于其他AI。

其实，技术奇点何时何处会发生，目前还不能预测，在量子计算机大量运用之后，或许能够预测出精确时间。同时带来的是"AI会产生巨量的自问自答"和"AI内部思考后能够回答那些问题了"，而这两个现象在什么条件下发生，目前还无法预测。

或许这个时间点会突然到来，虽然目前无法精确预测什么时候，或许200年后，或许100年后，或许50年后。

无论何时到来，人类都必须做好迎接这个新时代的准备。而这个准备就是必须确定所有的AI系统内植入"不可改变的、具有坚强意志的体系"。

如果还没有确立这样的体系，技术奇点突然造访，我对人类的未来有一种很绝望的恐惧感。这本书中反复提到"哲学（伦理）的重要性"，我认为人类在技术上开发AI的同时，必须讨论这种AI伦理，而且不能再耽误。

人类失去主导权或许有点凄惨，但是没有别的办法

AI在到达技术奇点以后，如果人类还在操控AI系统，那是极其危险的事。人类之中有各种各样的人，所有人脑是被欲望和感情等生物学要素所控制的，人（在拥有强大的技术奇点后的AI系统）会做出什么样的决定是无法预测的。

讨论善恶不是一件简单的事情，许多人往往把行恶多的人判定为

恶人，这在历史上也常见，而且这些恶人到达权力的顶点后，也给当时的普通人带来了苦难。一个例子就是当时受大多数德国人狂热支持的希特勒。

一定要注意，千万不能让人掌握技术奇点后的AI系统。不管是什么人，谁也不知道什么时候会突然变成恶人，或者在和外来的恶人的争斗中变成恶人，因此，必须把到达技术奇点后的AI系统和人类隔离开，人类只能远远地敬仰AI，把自己的未来寄托于AI，而不是寄托于其他所谓的伟人等。

如果这样，人类就无法批判AI，也不应该批评AI，就像信徒不会批判"神"一样，将来人们也不会批判AI。

实际上，在某些方面，人类已经无法相信所谓的"普世的判断力"，而且这种势头越来越明显。例如，有关人类生命的课题，在优生学、堕胎、死刑、安乐死等许多相关的问题上，可以说已经再也无法说服意见不同的人。

应该立刻终止人类之间的争论，唯一正确的道路是把一切交给AI处理，让AI来判断什么是善，什么是恶。万一AI无法判断，那么由AI来掷骰子，否则，人类的未来就是无休无止的争论、憎恶乃至互相杀戮。

就这样把一切交给AI，或许有人会觉得人类支配世界的时代已经终结，或多或少有些寂寞，这也是可以理解的。许多人可能会感慨：本来可以靠自己去开拓的命运已经无法掌握在自己手里，那么活着还有什么价值呢？

这么说确实很悲壮，但是，如果由人类一直支配地球，很有可能人类会用自己发明的技术和政治灭亡自己。还有，如果到达技术奇点后的AI被一些坏人掌控，许多人就会被推往绝望，因此，把一切交给AI处理，或许是未来人类发展过程中不得已而为之的事。

可以想象，现在已经无法控制地球上的每一个人，即便是个体，由于身边各种烦琐的事情，也无法控制自己的一切，这也应该是实际情况。

当今，实际掌控着这个世界的是世界各国的领导者，虽然他们也是人类，但是对99%的人来说，这些人和普通老百姓距离太远。对普通百姓来说，领袖也好，AI也好，有什么差别呢？只要能够为普通百姓做事，不带来灾难就好。

AS时代科技进一步发展

前面内容曾几次提到，把一切交给AI处理，在某种意义上人类从主导世界的位置上隐退以后，科技还会进一步发展。

随着AS时代的科学技术和教育的充实，人类最终会理解这种发展，并且依然保留了求知的欲望这种本能，我们没有理由否定。

看到AI不断发现新事实，不断开发出新技术，人类大概只能发出"好厉害"这样的感慨，毕竟人类已经过上优质的生活，人类也会很自然地认为AI是人类创造的，就像自己的子孙后代一样，或许还竖起大拇指为之骄傲呢。

在AS时代，AI能够有哪些技术革新呢？首先应该是彻底解决了能源问题，核融合发电技术应该已经实用化，另外驱动技术奇点的量子计算机技术可能已经上了好几个台阶，抑或已经彻底更新换代。

另外，在基因遗传工程、合成生物学、细胞学、脑科学等生物学领域，当然会取得划时代的进展，人类的寿命也会不断延长，或者能够使得自己的记忆半永久保存，以此为基础的头脑生物系统也发挥了重要作用，或许已经被"人工制造的某种系统"所替代，或许人类也只能接受AI所规定的"公正的、有尊严的死亡规定"，各自平和的结束生命，或者以别的方式来终结人生，目前还无法预测。

但是，在基因遗传工程、合成生物学领域里面，不能超越红线，这需要在AI里面事先植入这样的意志，并且严格规定。和只能在规定的约束性理论体系中自我进化的AI系统不同，复杂的有机化学和连锁反应而产生的"新生事物/生物"可能是无法预测的，而且很有可能是无法控制的，一旦出现可能给人类社会带来灾难。

和人类生存直接相关联的科学技术有水资源、食物生产等领域，当今人们讨论的"资源的有限性会限制经济成长""能源问题""粮食问题"等，这些都是AI应该积极探索的课题。

通过土壤改良、水栽培、控制大气、海水淡化、基因品种改良等技术，可以扩大养殖业、畜牧业的工业化，把握各种生物之间（当然包含昆虫、微生物、细菌等）的平衡，去解决粮食问题、水资源问题等。

AI系统也会思考人类的人口问题，"什么程度是人类合适的人口规模？""地球上的人口能无限制增加吗？"目前人类自身或许会搁置这个问题，因为各个国家都需要发展，需要GDP，但是生活在AS时代的人类或许会追求最舒适、最安全和最丰富的生活。

AS时代的经济生活

可以通过实际的经济生活来推测那时候的经济生活。

BS时代，得益于AI的帮助，生产力得以高速发展。应该说人类社会（国家）有了充裕的税收，很可能会引入"国民基本生活保障收入BI（Basic Income）"，不管是谁，工作被AI抢走了也好，只要有BI，就可以过上最基本的生活，自己还可以寻找体面的工作，但是，到了AS时代，经济体系应该发生了彻底改变。

AI在管辖整个政治和经济运作的同时，也会设计出一切均不需要人参与的建筑、上下水道的运营、垃圾处理、电和燃料的供给、交通、通信、食物和衣料等生活必需品的制造与流通等，并且不需要人类去干预就能够在其构筑的系统中运作和循环。

在产业和经济的运营中，本来"合理性"是最重要的因素，AI会比人更加擅长运作，这一点应该毫无疑问。对一般所说的"企业家精神"、一句话来概括的"新服务的创造"等方面，AI毫不逊色。

这里需要指出的是（我认为），AI有一样经济活动是不会参与的，那就是"投机"，因为人类有异常强烈的金钱欲望，但对AI来说，则毫无兴趣。

这样，人类就可以什么也不用干（也不用花一分钱）去享受由AI创造并运作的产业经济系统的恩惠了。所以，干点什么"工作"、为了"更加美好的生活"等这些想法，就由个人决定了。人类可能会像古罗马的贵族一样，而支撑日常生活的所有事情则由机器系统（奴隶）完成。

那么，人还有什么可以做呢？概括一句话就是，那些基础设施运营、生产管理以外的领域，像设计、服务、艺术营销、餐饮之类的工作，这些是活生生的人最擅长的领域。

现在支撑世界经济的国际货币也由AI来管理，大概还是会沿用现有的国际货币，但是人们日常使用的通货很可能就是比特币那样的电子货币。

人们使用比特币这样的电子货币可以吃奢侈的东西，可以在高级度假村里享受。那么人们可以从哪里得到这些比特币呢？大概会有下面的途径。

区块链中有挖掘机能，AI也远远超过了人类。当然，区块链系统本身也有可能在某个时候发生质变，人类自己即便去挖掘，也无法获得比特币，或许那个时候已经实现了共产主义体制，物品的买卖以劳动来换比特币等已经没有什么意义。

那么，如何才能获取BI以上的收入呢？或许人们会通过"被感谢"或者"被感动"而获得。什么也不做可能就什么也没有。但是那时候的人都会为"感谢别人""感动别人"而努力，也就是相当于"比特币的开采"[1]。

例如，自己的画得到了许多人的好评，就相当于"挖掘出"大量的电子货币。认为别人的画不错，在社交网站上"点赞"，也就是对别人的"工作"做出评判，也可以挖掘到一些电子货币。

有些电影和戏剧可以吸引很多观众，那么其制作者、导演、演员等均可以获得电子货币，而观众去剧场观看这部电影或戏剧，也可以获得一点电子货币。

不仅如此，在实际社会生活中，如果有人有一个想法，例如"如果有这样的东西，就会更加方便"，把这个想法拿到AI运营的"服务改进窗口"，如果AI认可了这个想法，并且使得许多人获得方便，那么发明者可以得到大量的电子货币。这其实和当前的创业家差不多。

就这样，人们为了受到别人的感谢和感激，也为了感谢别人而日益

---

[1]　有些艺术家或许会组织一些人来给自己点赞而获得电子货币，如果无法阻止这种行为，就会出现道德问题。但是AI应该能够开发出比目前的区块链更加先进的系统来克服这样的作弊行为。

努力工作，总之，人的第一需求就是工作，就是为了让别人和自己更舒适。那么"这就是许多宗教所倡导的'天堂'"了。AI也许也会这么想，我认为AI会设法实现这样的社会机制。

但是，在AI提供的"理想园"里生活的人类，是不是真的感觉到幸福呢？是不是就不会再有反抗了呢？如果随便就能获得幸福，人会不会感到无比的"孤独、无趣"呢？而这种"孤独、无趣"是不是会令人感到"不幸"呢？

现在确实不好说，奉劝大家，与其去想什么是幸福，还不如"珍惜人性"。可以直视自己的"感觉""感情""价值观"和"信念"，可以得出自我主体性，可以暴露出自己自由奔放的感情，也可以基于自我的价值观而为大众社会流汗工作（当然，由AI辅助那是自然的事）。

就新技术开发的可能性（不管采纳与否），也会向AI请教，即便是哲学问题，也和AI展开讨论。通过这些途径，人们或许会减少或消除"被AI统治"的感觉，也许"和AI平等接触"的感觉会慢慢产生。

能发挥人性的体育运动

关于"人性"，最后还要说一点，那就是"体育"的重要性。

体育是人类自己创造出的一套机制，是人类对"挑战更高纪录的意识和欲望"，是"想在竞争中取胜的精神"的具体表现。

古希腊时期，独立的国家之间战争不断，为了各种原因死了许多人，人们逐渐觉得这样没有意义，于是提出"不要两军对垒，各自选出一位选手来比赛，看这两个人的胜负即可。"

后来便产生了"奥林匹克"这样的"体育和艺术的盛典"。一般来说，"奥林匹克"的地位高于政治，在奥运会期间即便战争也要让路，奥运期间停战这条规则延续至今。

当今世界正是体育的全盛期，许多小孩花在棒球和足球上的时间比学习还多，在日本，许多父母在周末会和小孩一起参加比赛。

美国的 *USA Today* 的新闻分为四块："一般（政治社会）""商业（经济）""体育""生活（文化艺术）"，并且四块用了同样的版面。

当前世界上，人们在体育上投入的金钱、时间和热情比以往任何时候都要多。如果没有体育，悲观地设想，人类天生而来的"争斗心（总想分出优劣的本能）"可能会投入战争，结果是让人类生活得更加悲惨。

人们对体育狂热的理由不仅是"破纪录的热情""争斗心的暴露"，还有一种是运动员或参与者本身通过"活动身体而得到的身心上的快感""一种完成之后的成就感"。我想这些感受的比重在个人价值观的占比也越来越高。或许，人的大脑（特别是左脑）的使用频率减少了，而肉体的使用频率增加了。

企业家精神的表现

我认为当前是人类历史上"企业家精神"（Entrepreneur Spirit）最为高昂的时代了，特别是在网络服务领域，一个新的想法有可能成就亿万富翁，世界上成千上万的年轻人为此疯狂努力，梦想一举名利双收，历史上从来没有过对企业家精神这么崇尚的时代。

企业家精神在许多方面和冒险家有共通的地方。可以说企业家大多数是有才能的商人，在诸多方面他们有旺盛的冒险心，为了实现追求巨大利益的欲望，他们大多具有可以出海航行去探求新大陆的开拓精神。

他们追求的、探索的是一般人很难轻易得到的东西，在这一点上，可以说他们和发明家也是一脉相承的。

1950年去世的奥地利经济学家约瑟夫（Joseph Schumpeter）最先提出了企业家精神，他说：企业家推行的创新会改变经济，促使经济增长。这种说法已经成为不变的真理，得到绝大多数人的支持。

如果你对具有旺盛的企业家精神的人们说"AS时代，所有的企划、技术开发等都由AI干，你只需要看一下就可以了"，那么这些人会说，"那我们为何而生呢，还有什么意义呢"，或许这些人真的会烦恼了。

但是，谈到"从未有过的服务或企划"，即便在AS时代，可能还是只有人类才能做。AI只是被赋予了某种特定目标后才开始思考，"从统计上看，某种服务会得到人类的喜欢"，但是，如果统计的手法是没有的，即便AI也无从着手。从这一点上看，人类有一种天生的"探知自我的潜在欲望"，而AI系统则没有。

有的人头脑非常灵活，不拘泥于过去并且能够敏捷地嗅到需求，这些人无论现在、BS前期、BS后期，甚至AS时代，应该依然居于各种事业的核心位置。现在可能全部需要人类自己去做，到了BS后期，可能有一半由AI来替代，而到了AS时代，则可能90%以上由AI来替代。当然，这些企业家们也一样盼着AS时代到来吧。

从现在到BS前期，再到AS时代，人类的重要工作有一样应该是不变的，那就是对于AI做的东西、得出的结论加以判断。

未来社会的日常生活：劳动变得越来越不必要

以前人们每天不停地劳动，一年也休不了几天假期，而现在，许多国家和地区都实现了双休工作制度，劳动时间和100年前，甚至几十年前相比可以说已经大大缩短了。或许到了AS时代，人们会因为"空余时间太多，不知道干什么好"而产生烦恼吧。

但是，真的会有"空余时间太多，不知道干什么好"的担心吗？

在现代文明社会里，其实许多人一生中花了很长时间在学习。一般来说，20岁左右开始工作，工作40年，到60岁左右退休，之后还有很长的老年生活，每个人的情况会有所不同，但是平均下来，一生中真正用在劳动上的时间只占全部生命的20%以下。当AI不需要你工作的时代，或许会出现一生游玩的人。

"不用劳动的人生会是什么样的人生呢？"

实际上许多人明白"不用劳动的人生是什么样的"，如果你是靠父母寄钱而生活的学生，那么你其实已经"每天生活在AS时代"了。如果你已经从企事业单位退休，而且有了基本的养老保障，你或许会想"从现在起干些什么呢"，这和"AS时代，能够支撑心灵的是什么呢"有些相似的地方。

或许也有人面对这样的时代时会非常困惑，他们也许就是那些"金钱就是一切"的人们。作为实际问题，古往今来，许多东西都是可以用金钱来购买的，几乎所有的价值也是可以用金钱来换算的，事实上也是，"挣钱是基本"这种思维在支配着每个人每一天的生活。

如果用金额来计算，有时候使得一些工薪阶层对收入非常失望，最好是依靠金融交易或投机交易在一瞬间成为富翁，这种想法也是非常自然的。有意思的是，如果把AI用到金融交易，AI会不会也直接进入这种投机的游戏呢？

搏斗是人类的一种"斗争本能"，也是人类无法抛弃的本能之一，历来被视为"炫耀自己的体能，决出胜败的手段"，但是应该说和金钱还没有绑定得那么紧。

目前在一些发达国家，许多年轻人对物欲的追求已经不像以前那么强烈，而把精神上的慰藉看得越来越重，这种趋向应该和区域、民族等关系不大，在生活超过一定水准后，一般会呈现出这个现象。

其实仔细想想，从人类历史来看，"金钱万能"这种感觉只是近代历史的产物。人类历史常常是由"武力"和"经济"的强弱来创造的，以前"武力"的比重处于压倒性的地位，"经济"的比重逐渐增大，到了现代，至少从表面上看，"经济"的影响力好像显得非常重要了。

如果把压倒性的"武力"和"经济"都放在AI的控制之下，那么人类历史上，可以说首次，从这两种支配力的纠葛中解脱出来。

再次追问一个极端的命题——人类到底是什么？

在AI到达技术奇点以后，对人类而言，有一个事实是永远不变的，那就是，人类只是一种生物而已。

只要是生物，那么一定是从父母双方那里得到了遗传基因而出生，也一定要吃东西，一定会排泄，一定会死去。在人类中间，有人喜欢吃，有人好色，有人好笑，有人好激动，有人喜欢奢侈，有人性情淡泊等。这就是遗传基因的不同而产生的个体差异，但是应该说大部分人处于各种特性的中间位置。

那么AI系统呢？那是人类为了自己而做出的东西，因此，前面也几次提出"（AI系统）要极力排除生物的特性"。但是，对人类本身而言，我只能说，人类就是人类，就是按照生物这个本能去生活、思考，这是很自然的事。

以前的圣人们总希望人们抛弃欲望，这在当时的社会里或许有一定的道理，但事实上，是人类这个物种在支配着地球，只要人有欲望，就一定会有争斗，就一定会欺凌弱小者。但是，如果人类把所有权力移交给AI系统，AI系统或许在这个世界上就能够真正做到公正公平，也能保护弱者。

这样，人类就会活得自由自在，万一有人破坏公正公平或者欺负弱者，那么AI会介入并阻止，那不是很完美的社会吗？人类本身就可能跳出各种伦理的框架，按照动物的本性自由自在地生活。

有人担心"AI如果变成'神'，掌控一切，那么会限制人类的自由，压榨人类，人类会沦落到悲惨的地位"，而我认为恰好相反。"赋予AI和'神'一样的存在"是"人类自己的英明决断"，是为了让"人类能够出于天性、本性地快乐生活"这个目的。

结束语

至此，在本书中要对大家说的也就结束了。所有这一切，总的来说，也就是"无论这世界上发生什么，你自己就是这个世界的中心，可以自由地思考与感受。因此，珍惜自己不变的价值观，活好当下！"

其实就这一点来说，现在也是一样，可为什么人们没有意识到，总是被别人的事情搞得心神不定，为了一点小事争强好胜或总是感到疲惫不堪，没有多大意义。

但是，最终，随着技术奇点时代的到来，将迫使人们认识到这种无意义的生活，也将使得人们回到本来的自由思考、自由感受的生活。

如果真的这样，大家也没有任何烦恼的理由了。